移动传感器网络拓扑重构和任务协同机制

李 贺 齐庆磊 著

化学工业出版社

·北京·

内容简介 ●○

本书系统地介绍了移动传感器网络拓扑重构和任务协同机制的研究现状以及存在的问题，从覆盖性（气体泄漏监测场景）和连通性（高速公路场景）方面提出了两种网络拓扑重构方法，并针对移动多媒体传感器网络和移动可充电传感器网络提出了两种任务协同方法。本书较系统地研究了移动传感器网络的覆盖、能耗、负载均衡及任务处理等问题，可为移动物联网在复杂环境中的广泛应用提供参考。

本书既适合普通高等学校物联网工程、计算机、电子、通信和自动化等信息技术专业的本科生阅读，也能够满足从事移动物联网和传感器网络研究的硕士生、博士生、教师及相关科研人员的使用需求。

图书在版编目（CIP）数据

移动传感器网络拓扑重构和任务协同机制 / 李贺，齐庆磊著. —北京：
化学工业出版社，2022.2
　ISBN 978-7-122-40076-5

　Ⅰ.① 移… Ⅱ.① 李… ② 齐… Ⅲ.① 传感器-网络拓扑结构
Ⅳ.① TP212

中国版本图书馆 CIP 数据核字（2021）第 208650 号

责任编辑：毕小山
文字编辑：王　硕
责任校对：王佳伟
装帧设计：刘丽华

出版发行：化学工业出版社
　　　　　（北京市东城区青年湖南街 13 号　邮政编码 100011）
印　　装：涿州市般润文化传播有限公司
710mm×1000mm　1/16　印张 10¼　字数 200 千字
2022 年 2 月北京第 1 版第 1 次印刷

购书咨询：010-64518888
售后服务：010-64518899
网　　址：http：//www.cip.com.cn
凡购买本书，如有缺损质量问题，本社销售中心负责调换。

定　　价：78.00 元

　　移动传感器网络作为无中心、节点可移动、拓扑动态变化、无线多跳及高度自主的网络，在远程医疗、智能交通、智能家居、环境监测及工业控制等领域具有广泛的应用前景。移动传感器节点具有通信距离短、覆盖范围小和节点移动性强等特点，在进入、移动和离开网络时容易造成网络拓扑动态变化，移动传感器网络的拓扑需要尽快重构，以满足网络的连通性、覆盖性、生存性和完成任务的要求。同时，由于移动传感器节点能量、计算及存储能力有限，单个节点完成复杂任务（如多目标跟踪及图像、视频压缩等任务）时存在难度大、能耗高及效率低等问题，移动传感器网络节点间需要进行协同以完成复杂任务。因此，需要研究移动传感器网络的拓扑重构和任务协同机制，以保障移动传感器网络高效运行。

　　拓扑重构是通过调节节点发射功率、邻居选择、睡眠调度或移动节点位置等机制重新构建网络拓扑。任务协同是通过协调移动传感器节点的行为协作地完成任务的分解、分配、调度及执行。现有的拓扑重构和任务协同机制仍有许多问题需要解决。目前经典拓扑重构机制没有考虑监测区域边界对传感器节点移动的限制，造成部分传感器节点移动距离过大，甚至移动出目标监测区域的边界，导致无效覆盖。在传感器网络汇聚节点受控移动的拓扑重构机制中，传感器节点选择中继节点时缺少负载均衡机制，且在邻居传感器节点选择时没有考虑延迟容忍的情况，造成部分传感器节点到汇聚节点路径过长及能量消耗不均的问题。在移动传感器网络复杂任务协同中，现有的任务分配机制较少考虑协作节点的处理能力及位置的动态变化，造成复杂任务分配不合理，以致出现任务执行频繁中断及任务数据重传现象，影响了任务执行的效率。在移动传感器网络周期性任务协同中，移动节点没有考虑与下一周期任务中传感器节点的协作机制，造成在下一周期任务协同中节点移动路径长及移动能耗大的问题。针对以上问题，本书从拓扑重构和任务协同两个方面对移动传感器网络技术展开研究。本书主要探讨并研究了以下重要问题。

一、针对移动传感器网络拓扑重构时部分传感器节点移动至监测区域边界外，造成无效覆盖，且没有考虑监测区域的环境变化及其重要程度不同的问题，面向气体泄漏监测的移动传感器网络应用场景，根据监测区域的范围不同提出了基于虚拟力的 3D 自组织拓扑重构算法和分层优先级 3D 拓扑重构算法。仿真结果显示，提出的算法在这两种场景下能够提高网络覆盖率，延长网络生存时间，减少移动距离和网络能耗。

二、针对移动传感器网络拓扑重构时缺少负载均衡机制且没有考虑延迟容忍的情况，造成部分传感器节点到汇聚节点路径过长及能量消耗不均的问题，面向高速公路场景下的车辆传感器网络，提出了一种基于预测的车辆传感器网络拓扑重构算法。仿真实验表明，提出的算法能够提高车辆传感器网络的生存时间，降低网络能耗。

三、针对移动传感器网络复杂任务协同中，没有考虑协作节点的处理能力及位置的动态变化，从而造成任务执行频繁中断及任务数据重传的问题，面向移动多媒体传感器网络，提出了一种基于动态联盟的图像压缩任务协同算法。仿真验证结果表明，提出的图像压缩任务协同算法能够实现联盟协作节点的任务负载均衡，降低图像压缩任务的执行时间和网络能耗。

四、针对移动传感器网络周期性任务协同中，移动节点没有考虑与下一周期任务中传感器节点的协作机制，造成在下一周期任务协同中节点移动路径长及移动能耗大的问题，面向移动可充电传感器网络，提出了一种基于哈密尔顿路径的无线可充电传感器充电任务协同算法。仿真实验表明，这种算法能够提高移动充电节点充电能量有效性，减少网络单位时间内平均移动损耗，延长网络生存时间。

结果表明，本书研究并提出的拓扑重构和任务协同在各自的领域范围内比其他的方法能够获取更好的性能结果。本书的研究成果较系统地解决了移动传感器网络的覆盖、能耗、负载均衡及任务处理等问题。希望本书能为移动传感器网络、移动物联网及任务协同的应用贡献一份力量，本书可供计算机应用技术、物联网、大数据与人工智能学科专业的研究人员、学生和工程技术人员学习参考。

本书是由南阳师范学院计算机科学与技术学院河南省数字图像大数据智能处理工程研究中心的李贺博士和齐庆磊博士在长期从事传感器网络及物联网管理相关研究的基础上形成的一本专著。具体分工如下：李贺撰写了第 3 章至第 6

章（约 15 万字），齐庆磊撰写了第 1、2 章和后记（约 5 万字）。在此，谨对长期以来与笔者共同工作、学习和生活的老师、同事和同学们表示由衷感谢，感谢他们在长期科研工作中对本书的贡献。本书是在邱雪松教授及杨杨副教授的悉心指导和支持下完成的。在本书的形成过程中，笔者得到了高志鹏教授、贾宗璞教授、李文璟教授、郭少勇副教授、熊翱副教授、芮兰兰副教授、王颖副教授、王智立副教授、喻鹏副教授等多位老师的帮助，并得到了刘金江教授、李慧宗副教授和兰义华副教授的鼓励与支持。马桂珍、徐思雅、丰雷、王开选、郑飞、姚赞及牛丹梅等博士为本书实验方法及内容提供了指导，南阳医学高等专科学校田肖及硕士生杨帅鹏为本书初稿提出了非常中肯的建设性意见，在此一并表示感谢。

本书在国家自然科学基金青年基金项目 "随机部署条件下移动传感器网络拓扑重构与任务协同机制研究（No. 62002180）"、河南省科技攻关项目"随机部署条件下移动传感器网络拓扑重构关键技术研究（No.202102210362）"、2020 年度河南省高等学校重点科研项目"不确定条件下移动传感器网络复杂任务协同平台关键技术研究（No. 20B520025）"、2022 年度河南省高等学校重点科研项目 "软件定义网络中面向时延保障的智能规则放置关键（No.22A520037）"、网络与交换技术国家重点实验室（北京邮电大学）开放课题资助项目"基于边缘计算的移动物联网复杂事件处理机制(No. SKLNST-2019-09)"和南阳师范学院 "卧龙学者"奖励计划等项目的资助下完成。最后，在本书成稿过程中参考或引用了国内外一些学者的论著，在此表示感谢。由于时间仓促，水平有限，书中如有不足之处，敬请读者批评指正。

著者

2021 年 5 月

目录
●
○

✤ **第 6 章 基于哈密尔顿路径的 MWRSNs 充电任务协同机制** / 110

第 1 章 •○

绪论

1.1 研究背景和意义

无线传感器网络（Wireless Sensor Networks，WSNs）是由大量具有无线通信功能的微型传感器节点，以自组织方式组成的网络，能够通过各类集成化的微型传感器协作进行实时采集、处理和传输网络覆盖区域内的各种环境或监测对象的信息。无线传感器网络不依赖基础设施组网，是野外环境下人类不易到达的地方最可靠、最灵活的监测和通信手段。无线传感器网络还具有快速展开及抗毁性强等特点，可以方便地获取监测区域的数据，使得对野外环境进行无入侵式和无破坏式的监测成为可能。无线传感器网络在远程医疗、智能交通、智能家居、环境监测及工业控制等领域具有广泛的应用前景和市场价值，是当前信息领域的研究热点之一。

早在 2003 年，美国自然科学基金委员会就制订了无线传感器网络研究计划，同时美国大力推进基于 WSNs 的家庭智能能源系统。随后日本、英国、法国、德国及新加坡等国家也加紧部署与 WSNs 相关的发展战略，逐步推进 WSNs 网络基础设施的建设。许多大学和研究机构纷纷投入无线传感器网络相关研究，以加州大学伯克利分校、加州大学洛杉矶分校、麻省理工学院和康奈尔大学为代表的美国著名高校的研究已经取得了很好的成果。国内对无线传感器网络的研究起步较晚，《国家中长期科学和技术发展规划纲要（2006—2020年）》将无线传感器网络作为优先发展的关键信息技术之一。可见，作为一种新兴的信息获取与处理技术，无线传感器网络的广泛使用是一种必然趋势。

无线传感器网络通常是由大量静止或移动的传感器节点以多跳的方式构成无线网络，能够感知、采集及处理覆盖区域内的感知对象或事件监测信息。然而，无线传感器网络也面临着众多挑战，主要有网络资源受限、能量受限、传输距离短及覆盖范围小等。移动传感器网络（Mobile Wireless Sensor Networks，MWSNs）除了面临上述挑战外，由于没有固定的设施，其拓扑取决于节点传输范围和节点的位置。移动传感器节点根据监测目标及业务需求变化（如军事战场、爆炸或有害气体泄漏监测等恶劣的环境中，会出现节点失效及监测目标移动等情况）进行移动的情况，会造成节点进入、移动和离开网络时网络拓扑结构动态变化，从而引起网络不连通和覆盖空洞，致使部分监测数据无法传递到目的节点，对网络应用产生巨大的隐患。为了保障移动传感器网络的连通性和覆盖性，需要移动传感器网络进行拓扑重构。另外，移动传感器网络拓扑重构后，还需要根据网络特定的业务需求完成预定任务。同时由于移动无线传感器网络节点能量、计算及存储能力有限，单个节点完成复杂任务（如多目标跟踪及图像、视频压缩等任务）时存在难度大、能耗高及效率低等问题，为了提高移动传感器网络的任务执行效率，保障网络高效运行，需要移动传感器网络节点通过协同完成复杂任务。因此，研究移动传感器网络拓扑重构和任务协同机制具有重要的理论和现实意义。

目前无线传感器网络拓扑重构主要通过功率控制、层次型拓扑控制、睡眠调度机制及移动节点位置等方法实现。这些方法根据应用场景的不同各有侧重，也各有利弊。目前拓扑重构方法大多针对固定的传感器网络，在动态性及自适应性等方面还存在一些突出的问题，难以满足动态环境下对网络拓扑的性能要求，尤其是在军事战场、爆炸、有害气体泄漏监测及灾难搜救现场等恶劣环境下，这些问题更加突出。这些方法在拓扑重构时大多没有考虑监测区域边界对普通传感器节点移动的限制，会造成部分传感器节点移动距离过大，甚至移动出目标监测区域的边界，导致无效覆盖。另外，传统的无线传感器网络多采用固定 Sink 节点（汇聚节点）的方式，容易造成"能量空洞"现象，即 Sink 节点附近的传感器节点往往担负较多的数据转发及融合任务，这些节点会因为能量快速消耗而失效。移动传感器网络中，Sink 节点的移动能够改变网络拓扑，普通节点可以根据移动 Sink 节点的位置进行网络拓扑重构，从而均衡网络能耗并延长网络生存时间。目前移动传感器网络 Sink 节点受控移动的拓扑重构机制中，传感器节点选择 Sink 节点时缺少负载均衡机制，且在邻居传感器节点选择时没有考虑延迟容忍的情况，存在部分传感器节点到 Sink 节点路径过长及能量消耗不均的问题。因此，移动传感器网络拓扑重构的覆盖率及能量有效性是一个亟待解决的问题。

移动传感器网络的主要功能是协作地感知、采集及处理各种环境或监测对象的信息，能够自主或根据管理中心命令处理监测区域内的突发事件。在动态环境中移动传感器网络进行拓扑重构后，就要根据现有的网络拓扑及特定的业务需求协作地执行预定任务。现有的无线传感器网络任务协同机制大都针对固定的传感器节点，对于移动传感器网络任务协同的研究处于起步阶段，难以满足动态拓扑下对网络任务执行效率的要求。现有的任务协同方法在任务分配时较少考虑协作节点处理能力的动态变化。在对复杂任务进行分配时，会出现协作节点分配的任务量与其处理能力不匹配的情况，造成任务执行频繁中断及任务数据重传的问题，影响任务执行的效率。另外，在移动传感器网络周期性任务协同中，没有考虑与下一周期任务中传感器节点的协作机制，从而造成在下一周期任务协同中节点移动路径长、移动能耗大及任务执行效率低的问题。因此，为了提高任务执行效率并降低网络能耗，研究移动传感器网络任务协同机制很有必要。

综上所述，研究移动传感器网络拓扑重构及任务协同机制，对提高移动传感器网络连通性和覆盖性、降低网络能耗、延长网络生存时间、改善移动传感器网络任务执行的效率及推动移动传感器网络在复杂环境中的广泛应用具有积极的探索意义。

1.2   研究内容

本书在对移动传感器网络的拓扑重构及任务协同现状和相关问题进行分析与总结的基础上，面向不同的网络应用场景，提出了相应的拓扑重构算法及任务协同算法，并通过仿真验证其算法的性能。具体创新性研究工作包括以下方面。

① 针对移动传感器网络拓扑重构时部分传感器节点移动至监测区域边界外，造成无效覆盖，且没有考虑监测区域的环境变化及其重要程度不同的问题，面向气体泄漏监测的移动传感器网络应用场景，根据监测区域的范围不同提出了基于虚拟力的三维（Three Dimensional，3D）自组织拓扑重构算法和分层优先级 3D 拓扑重构算法。首先，将整个移动传感器网络假设为一个虚拟物理系统，把移动传感器节点看作是粒子，建立虚拟力模型，该模型考虑了气体浓度的大小及监测区域边界对传感器节点产生的虚拟力。然后，针对气体泄漏监测区域较小，且传感器节点充足的场景提出一种基于虚拟力的 3D 自组织拓扑重构算法。该算法中传感器节点计算其所受虚拟力的合力，并根据这个合力进行移动从而实现传感器网络的拓扑重构。为了提高网络生存时间并减少能量空洞现象，对 Sink 节点引入了虚拟感知半径，当 Sink 节点的邻居传感器节点剩余能量过低时会设置虚拟感知半径，使该邻居传感器节点远离 Sink 节点，从而提高了网络生存时间并缓解了能量空洞问题。最后，考虑到监测区域不同的重要程度，针对气体泄漏监测区域较大，且传感器节点不足的场景提出一种基于虚拟力的分层优先级 3D 拓扑重构算法。该算法将监测区域划分为多个层，并根据各层的优先级重新分配传感器数量。各层中的移动传感器节点计算其所受虚拟力的合力，并根据所受合力进行移动，从而完成拓扑重构。仿真结果显示，提出

的算法在这两种场景下能够提高网络覆盖率，延长网络生存时间，减少移动距离和能耗。

② 针对移动传感器网络拓扑重构时缺少负载均衡机制且没有考虑延迟容忍的情况，造成部分传感器节点到 Sink 节点路径过长及能量消耗不均问题，面向高速公路场景下的车辆传感器网络，提出一种基于预测的车辆传感器网络拓扑重构机制。首先，计算车辆在路边无线传感器节点通信范围内的停留时间。其次，针对路边无线传感器节点在选择中继车辆时的负载不均衡问题，并根据停留时间引入接入切换间隔，提出一种基于停留时间的车辆传感器网络拓扑重构算法。然后，针对路边无线传感器节点通信范围内没有车辆的情况，通过预测车辆的到达时间及停留时间，采用延迟容忍的预存储机制存储数据。最后，路边无线传感器节点根据车辆的位置预测和建立路径传输能耗评估模型，并选择路径能耗低的邻居传感器节点重新建立网络拓扑。仿真实验表明，本书提出的基于预测的车辆传感器网络拓扑重构算法能够提高网络生存时间，降低网络能耗。

③ 针对移动传感器网络复杂任务协同中，没有考虑协作节点的处理能力及位置的动态变化，造成任务执行频繁中断及任务数据重传的问题，面向移动多媒体传感器网络，提出了一种基于动态联盟的图像压缩任务协同机制。首先，相机节点根据普通节点的位置、计算能力及资源使用情况建立动态的图像压缩任务联盟。然后，考虑联盟盟主节点和联盟协作节点的位置及平均移动速度，计算任务稳定执行时间，并根据任务稳定执行时间及任务分解的原则和约束将图像压缩任务分解为图像传输子任务和图像压缩子任务。最后，根据联盟协作节点的图像压缩子任务执行时间、执行成本和网络能耗，建立图像压缩任务协同分配优化模型，采用梯度法进行图像压缩任务的协同分配。仿真验证结果说明，提出的图像压缩任务协同算法能够实现联盟协作节点的任务负载均衡，降低图像压缩任务的执行时间和网络能耗。

④ 针对移动传感器网络周期性任务协同中，移动节点没有考虑与下一周期任务中传感器节点的协作机制，造成在下一周期任务协同中节点移动路径长及移动能耗大的问题，面向移动可充电传感器网络，提出一种基于哈密尔顿路径的无线可充电传感器充电任务协同算法。首先，移动充电节点（Mobile Charger，MC）采集传感器节点的剩余电量及位置信息，根据无线传感器节点分别到 MC 和 Sink 节点的距离，以及其剩余生存时间，建立停留位置的优化模型，采用 Newton 法求解 MC 的停留位置并评估充电任务间隔。其次，MC 根据

充电任务间隔选择充电传感器节点，并建立由 Sink 节点、充电传感器节点及停留位置组成的完全图，且在电量允许情况下选择下一轮的充电传感器节点作为停等充电传感器节点，将停等充电传感器节点到完全图中边集合距离最近的位置作为停等位置。再次，MC 根据其停留位置、充电传感器节点和 Sink 节点的位置信息，采用改进的 C-W 节约算法建立哈密尔顿路径。然后，根据该路径移动充电过程中，MC 经过停等位置时，停等传感器节点移动至所计算的停等位置与 MC 会合。MC 和停等传感器节点通过协作移动的方式进行充电。这样避免了 MC 节点在下一轮的充电任务调度中对该节点的充电，能够减少 MC 的移动能耗。最后，MC 充电完成后返回停留位置时作为移动 Sink 节点协作地对数据进行采集。仿真实验表明，这种算法能够提高 MC 充电有效性及网络生存时间，减少网络能耗及网络单位时间内平均移动损耗。

1.3　本书组织结构

本书中后续部分的组成如下。

第 2 章综述了移动传感器网络拓扑重构和任务协同技术，分析了无线传感器网络拓扑重构及任务协同研究现状，还分析了无线传感器网络拓扑重构技术及任务协同技术。

第 3 章论述了面向气体泄漏监测的移动传感器网络虚拟力 3D 拓扑重构机制。该机制将虚拟力模型引入到拓扑重构，在传感器网络拓扑重构中还考虑了虚拟边界力，提高了传感器网络覆盖率及生存时间，适用于解决气体泄漏监测中传感器网络的覆盖及拓扑重构问题。

第 4 章论述了高速公路场景中基于预测的车辆传感器网络（Vehicular Sensor Networks，VSNs）拓扑重构机制。该机制考虑了负载均衡机制及延迟容忍的情况，提高了网络的生存时间并降低了网络能耗，适用于解决车辆传感器网络中动态的拓扑重构及传感数据的传输问题。

第 5 章论述了移动多媒体传感器网络（Mobile Wireless Multimedia Sensor Networks，MWMSNs）的图像压缩任务协同机制。该机制根据任务稳定执行时间，采用多轮分配的方法进行图像压缩任务的分配，减少了移动传感器节点离开网络造成的任务中断及任务数据重传，降低了网络能耗，提升了任务执行效率，适用于解决移动多媒体传感器网络中的图像压缩任务协同问题。

第 6 章论述了基于哈密尔顿路径的移动可充电传感器网络（Mobile Wireless

Rechargeable Sensor Networks，MWRSNs）充电任务协同机制。该机制在 MC 移动路径不变的情况下将下一轮的充电传感器作为停等充电传感器节点，并让停等充电传感器节点在电量允许情况下移动至该停等位置与 MC 会合进行充电，降低了移动损耗及网络能耗，适用于解决移动可充电传感器网络的充电任务调度问题。

后记作为结束语，总结了本书的研究中存在的不足，并指明了下一步的研究方向。

本书各章节之间的逻辑关系可以通过图 1-1 来表示。

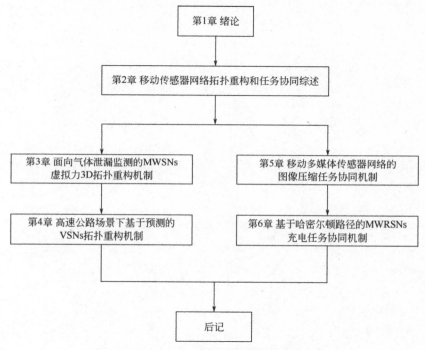

图 1-1 本书各章节之间逻辑关系图

第 3 章、第 4 章研究移动传感器网络的拓扑重构方法，不同的是：第 3 章主要针对气体泄漏监测中移动传感器网络的拓扑重构及网络覆盖；而第 4 章研究高速公路场景下车辆传感器网络的拓扑重构及数据传输。第 5 章、第 6 章研究移动传感器网络的任务协同机制，不同的是：第 5 章研究移动多媒体传感器网络中图像压缩任务协同机制；第 6 章主要研究移动可充电传感器网络中充电任务协同机制。

1.4 本章小结

本章为本书的绪论。首先介绍了本书的研究目的和研究意义,从移动传感器网络的研究背景、拓扑重构和任务协同意义讲起,阐述了移动传感器网络拓扑重构和任务协同的重要作用,对移动传感器网络拓扑重构和任务协同的现有方法进行了总结,分析了现有方法的不足,在此基础上引入本书的主要研究内容,并详细说明了本书的课题来源以及本书的组织结构。

第 2 章 •○

移动传感器网络拓扑重构和任务协同综述

2.1 移动传感器网络拓扑重构

2.1.1 无线传感器网络拓扑重构定义与要求

在无线传感器网络运行的过程中，当传感器节点移动、故障或能量耗尽等原因造成网络不能连通或出现覆盖空洞时就需要对网络进行拓扑重构。不同文献[1~3]中对拓扑重构的定义有所差别，本书对文献的拓扑重构定义进行了归纳总结，给出的定义如下。

定义 2-1　拓扑重构：在保证网络连通和覆盖的情况下，在不同应用场景中通过调节节点发射功率、邻居选择或移动节点位置重新构建网络的空间拓扑，达到完成网络预定任务及改善网络性能的目的。

本书对拓扑重构的要求主要包括以下内容。

（1）应考虑连通性和覆盖性的要求

连通是无线传感器网络运行的基本条件。当节点不连通，出现网络分裂时，传感器节点采集到的数据无法传递到数据中心。另外，应保证对监测目标的全覆盖，这是完成目标区域监测及数据采集任务的重要保证。网络覆盖反映了无线传感器网络的感知能力，它的覆盖程度体现了能够成功监测目标区域中事件发生的概率。

（2）应充分考虑无线传感器网络的特点

拓扑重构除了需要考虑连通性和覆盖性外，还应考虑无线传感器网络的特点。无线传感器网络的特点主要包括节点电池电量有限、处理能力小、通信距离短及具有移动性等。如无线可充电传感器网络中节点电量耗尽时，MC 在进行移动充电过程中如何减少充电过程中网络节点的能量开销，提高能量的有效性，成为无线可充电传感器网络拓扑重构的重要任务及研究的热点之一。再如车辆传感器网络的拓扑重构中，其节点能量充足（行驶中通过发电机产生电能和停车时采用大功率的可充电蓄电池供电），如何提高网络吞吐率及减少网络延迟成为车辆传感器网络拓扑重构研究的主要问题。

（3）根据应用场景的不同，应形成相应的网络拓扑

应用场景不同，用户需求也会不同，拓扑重构算法设计目标也会有所差异。在确定性的部署场景中，如应用于桥梁安全监测的无线传感器网络中，这些节点往往是固定的，通常情况下其网络拓扑不会发生频繁的变化，连通、覆

盖、减少网络能耗和延长网络生存时间是拓扑重构算法设计的主要目标。在随机性的部署场景中，如军事战场、爆炸或有害气体泄漏监测等恶劣的环境中，会出现节点失效及监测目标的移动等情况，为了适应监测环境的动态要求，就需要传感器节点具有移动性，在拓扑重构算法设计时要提高节点移动的灵活性及自组织能力。

2.1.2 无线传感器网络拓扑重构目标

拓扑重构的目标主要包括保证网络连通及覆盖、减少网络能耗、延长网络生存时间、减少通信干扰、提高网络吞吐量及提高路由效率等。具体的目标描述如下。

① 连通性。无线传感器网络的主要任务是将节点采集到的监测数据成功发送到 Sink 节点（汇聚节点），无线传感器网络一般是由部署在监测区域通信能力有限的节点组成，所以传感器节点往往需要通过多跳方式进行数据传输。网络拓扑的连通则是数据传输成功的前提，因此所有拓扑重构算法均需要至少满足网络 1-连通（即删除一个节点，才会破坏网络的连通性）[4]。对于连通性要求较高的场景（如战场环境）还需要无线传感器网络满足 k-连通。

② 覆盖性。网络覆盖是无线传感器网络拓扑重构研究的基本问题。网络覆盖是无线传感器网络的重要性能，也是网络功能的体现，同时也反映了网络对物理世界的感知能力[5]。对覆盖的研究可包括栅栏覆盖[6]（移动节点、生物穿过监测环境被察觉的概率）、点覆盖[7]（对分离的监测点的覆盖）以及区域覆盖[8]（具体监测区域的覆盖）。目前，对于覆盖，研究大多集中于区域覆盖，通常用 k-覆盖表示无线传感器网络在监测区域中网络覆盖质量。k-覆盖是指监测区域中每个点都能被至少 k 个传感器节点覆盖。当 $k=1$ 时，称为 1-覆盖，这是无线传感器网络对监测区域完全感知的基本条件，同时也是拓扑重构的基本要求。

③ 网络生存时间。根据不同的应用场景，对网络生存时间的定义有所不同。目前，不同文献的定义大致有以下几种[9~14]：

a. 根据无线传感器网络中首个节点能量耗尽的时刻计算网络生存时间[9]；

b. 根据无线传感器网络中未失效节点占节点总数的比率低于某一阈值的时刻计算网络生存时间[10]；

c. 根据无线传感器网络中所有节点生存时间的平均值确定网络生存时间[11]；

d. 根据无线传感器网络中数据包送达率低于某一阈值的时刻计算网络生存时间[12];

e. 根据无线传感器网络中存活数据流占总数据流的比率低于某一阈值的时刻计算网络生存时间[13];

f. 根据无线传感器网络监测区域中首次出现覆盖空洞的时刻计算网络生存时间[14]。

在上述计算方法中，采用首个节点能量耗尽的时刻计算网络生存时间是最早提出，同时也是应用最广泛的。该方法定义的网络生存时间与应用无关，因此有较好的通用性。本书提到的网络生存时间也都是采用这种定义。

目前，大多数的无线传感器节点采用电池供电，电池电量耗尽就会造成节点失效，因此，无线传感器网络拓扑重构在保证网络连通和覆盖的同时，还应考虑降低网络能耗及延长网络生存时间的问题。无线传感器网络监测较大目标区域时，需要大量传感器节点，而多跳的数据传输方式会使传感器节点之间的能耗差异较大，尤其是 Sink 节点附近的传感器节点往往担负较多的数据转发及融合任务，这些节点会因为能量快速消耗而失效。拓扑重构作为降低网络能耗的重要手段，是延长网络生存时间的有效方式。因此，在进行无线传感器网络拓扑重构算法设计时，应在保证完成监测及数据传输任务的情况下尽可能地减少网络能耗，延长网络生存时间。

④ 通信干扰。在一些特殊场景（如战场环境）中，无线传感器网络需要满足 k-连通或 k-覆盖，就要在特定的区域部署大量节点，这种密集部署的方式就会造成通信干扰和信道竞争。无线传感器网络中节点的无线信道竞争发生在单跳邻居节点之间，节点的通信半径与无线信道的竞争区域大小成正比。因此，拓扑重构的另一个重要目标就是减少通信干扰和信道竞争。

⑤ 吞吐率。吞吐率是无线传感器网络性能的一个重要指标，也是设计无线传感器网络拓扑重构算法时需要考虑的一个重要目标。文献[15]给出了网络中任意节点的吞吐率，如式（2-1）所示：

$$\lambda_{T,i} \leqslant \frac{16r_{t,i}A}{\pi L_{i,s}\nabla^2 nr_{c,i}} \tag{2-1}$$

式中，$\lambda_{T,i}$ 为传感器节点 s_i 的吞吐率，bit/s；$r_{t,i}$ 为无线传感器节点 s_i 最大传输速率；$r_{c,i}$ 为无线传感器节点 s_i 的传输半径；n 为无线传感器网络的节点数；A 为监测区域的大小；π 为圆周率；∇ 为大于零的常数；$L_{i,s}$ 为源节点 s_i 到 Sink 节点的平均距离。从式（2-1）可以看出，通过功率控制（减小传输半径）和睡眠调度（减少无线传感器网络的节点数 n）的拓扑重构方法，可以减小传输半径和网络规模从而提高网络吞吐量。

⑥ 网络延迟。影响网络延迟的因素有很多，包括无线传感器网络的介质访问控制协议（Media Access Control，MAC）、监测区域的环境、网络带宽及拓扑重构协议等。拓扑重构时影响网络延迟的因素主要有两个：一个是通信干扰，另一个是路由跳数。当网络负载较大时，网络延迟主要由节点与邻居节点之间的通信干扰和信道竞争决定；当网络负载较小时，网络延迟主要由数据传输的路由跳数决定[16]。在实时性要求较高的场景（如军事应用及灾害救援等）中，无线传感器网络拓扑重构就要首先考虑网络延迟。

除上述目标之外，进行无线传感器网络的拓扑重构算法设计时还应考虑可靠性、负载均衡性、可扩展性及网络拓扑性能（如对称性、稀疏度及节点度等）等目标。

2.1.3　无线传感器网络拓扑重构经典方法

在无线传感器网络运行的过程中，当传感器节点移动、故障或能量耗尽等原因造成网络不能连通或出现覆盖空洞时，就需要对网络进行拓扑重构。在不同应用场景中应通过不同的拓扑重构方法重新构建网络拓扑，从而完成网络预定任务，改善网络性能。无线传感器网络拓扑重构的经典方法根据管理模式可以分为功率控制、层次型拓扑控制、睡眠调度及 Sink 节点移动机制等。

（1）功率控制

功率控制是指无线传感器网络通过调整节点发射功率来保证网络的性能。通过动态控制节点发射功率来满足网络的连通性、覆盖性要求，达到减少冗余节点、降低能耗及延长网络生存时间等目标。功率控制是拓扑重构的重要手段，传感器节点的发射功率决定了节点的通信半径：发射功率越大，通信半径越大，其邻居节点越多，同时也会消耗更多的能量，造成更强的通信干扰；反之，发射功率越小，通信半径越小，邻居节点越少，能耗越小，通信干扰弱，但是网络连通性也会变差。典型的功率控制方法主要包括以下几类。

① 基于方向的功率控制。基于方向的功率控制是通过动态调整节点发射功率，在构建的锥形区域（以节点为中心，通信距离为半径，θ 为夹角的区域）中保证有一个邻居节点。典型的方法为锥型分布式拓扑控制算法（Cone-based Distributed Topology-control，CBTC）[17]。该方法对传感器节点的硬件要求高，

实用性较差。

② 基于路由协议的功率控制。基于路由协议的功率控制是将功率控制与路由协议相结合，在无线传感器网络中采用统一的节点发射功率。基于路由协议的功率控制目标是在保证网络连通性的情况下将网络中所有节点的发射功率调整到最低，从而最大限度地降低能耗并提高网络容量。典型的算法有COMPOW 和 CLUSTERPOW[18]，其中，COMPOW 算法是功率控制与路由协议的简单结合，网络中所有节点采用统一的发射功率，该算法适用于均匀分布的无线传感器网络场景。CLUSTERPOW 是对 COMPOW 的改进，该算法并未要求所有节点使用统一的发射功率，而是让节点采用发现目的节点所对应的最小发射功率，虽然该算法具有较高的能量有效性，但是路由发现时能量开销大。

③ 基于节点度的功率控制。基于节点度的功率控制是每个节点根据设定的节点度门限动态调整发射功率。典型的算法是局部均值算法（Local Mean Algorithm，LMA）[19]，该算法通过定期的消息交互确定邻居节点个数，且邻居节点个数应保证节点度在指定的上下限之间。当节点度超过指定上限时则降低发射功率，当节点度小于指定下限时将提高发射功率。该算法具有部署简单的特点，但是也存在节点度的选取考虑因素过多、收敛慢的缺点。

④ 基于邻近图的功率控制。基于邻近图的功率控制是将节点和链路抽象为图 $G(V, E)$，然后根据一定的规则找出该图的邻近图 $G'(V, E')$。$G'(V, E')$ 中所有节点选择与各自邻近的代价（如欧氏距离及能耗等）最大的节点来确定发射功率。目前，典型的邻近图拓扑控制算法有 Gabriel 图（Gabriel Graph，GG）[20]、相对领域图（Relative Neighbourhood Graph，RNG）[21]、局部最小生成树（Local Minimum Spanning Tree，LMST）[22]及 Delaunay 三角剖分图（Delaunay Triangulation Graph，DT）[23]等。

（2）层次型拓扑控制

层次型拓扑控制的关键是分簇，采用分簇机制周期性地选择网络中的节点为簇头，并将拓扑划分为多个区域，每个区域由簇头负责数据转发和融合任务。整个无线传感器网络划分为两个层次，即普通节点到簇头节点及簇头节点到 Sink 的数据传输。然而，在网络中簇头节点由于任务负担重，其能量消耗快，因此如何选择簇头及确定簇的规模是层次型拓扑控制的关键问题，影响着网络的性能。

（3）休眠唤醒机制

休眠唤醒机制通过让无线传感器网络中的部分节点进行睡眠来减少网络中

冗余的节点。基于休眠唤醒的拓扑重构技术在保证连通和覆盖的情况下，还可以减少信号干扰及网络能耗，延长网络生存时间。在实际的通信中，节点并不总是与邻居节点进行通信，对邻居节点需要做一定的取舍，这会降低路由协议和能量的开销。因此，节点的休眠调度机制也是重要的拓扑重构方法[24]。该方法适合于无线传感器网络密集部署的情况，具体的休眠唤醒机制包括节点轮换[25,26]、节点密度控制[27~29]和冗余节点判断[30~32]方法。节点轮换方法是将无线传感器网络划分为多个节点集合，这些节点集合轮换可以独立地完成目标区域的监测任务。节点密度控制方法是根据无线传感器网络中节点的感知半径随机选取一定数量的节点保持唤醒状态，未选中的节点则保持睡眠状态。对无线传感器网络中的节点进行冗余判断，如果是冗余节点则进入睡眠状态。当有效节点因故障或能量耗尽失效时唤醒冗余节点，保证网络的覆盖和连通。

（4）Sink 节点移动策略

无线传感器网络中节点采集的数据需要通过单跳或多跳发送到 Sink 节点。Sink 节点在固定的情况下，容易造成"能量空洞"现象，即 Sink 节点附近的传感器节点往往担负较多的数据转发及融合任务，这些节点会因为能量快速消耗而失效。因此，Sink 节点的移动可以改变网络拓扑，能够缓解这一现象，延长网络生存时间。目前，基于 Sink 节点移动的无线传感器网络拓扑重构算法是研究的热点。Sink 节点的移动方式大致可以分为三类：受控移动、随机移动和自主移动。对于 Sink 节点随机移动和受控移动的无线传感器网络拓扑重构主要是传感器节点根据 Sink 节点位置和移动规律获取优化的路由路径和网络拓扑。Sink 节点的自主移动主要是通过考虑多种参数（如传感器节点的传输距离、位置、能耗及生存时间等）来优化其移动路线，从而提高无线传感器网络的性能。

2.1.4 移动传感器网络拓扑重构研究现状

移动传感器网络可以应用在大量的领域，如危险的野外环境、条件恶劣的工业现场的检测及动态目标跟踪等[33]。普通的无线传感器网络多采用固定 Sink 节点的方式，这会造成能量消耗不均，网络生存时间短。移动传感器网络中，利用 Sink 节点的移动性，在 Sink 移动过程中进行数据收集。移动传感器网络中的普通节点根据移动 Sink 节点的位置通过网络拓扑重构来均衡网络能耗，延长网络生存时间。另外，移动传感器节点的电量有限性，会因电量消耗殆尽引起节点失效，从而造成网络不连通和覆盖空洞，致使部分监测数据无法传递到目的节点，对网络应用产生巨大的隐患[34]，这就需要普通型节点通过移动进行拓扑重构，实现网络连通或网络覆盖。因此，网络拓扑重构是移动传感器网络研究中的一个重要课题。

根据移动节点的类型，可以将移动传感器网络拓扑重构分为：Sink 节点移动的拓扑重构和普通节点移动的拓扑重构。Sink 节点移动的拓扑重构方法作为无线传感器网络拓扑重构经典方法的重要组成部分，能够有效地均衡网络能耗，延长网络生存时间。普通节点移动的拓扑重构方法作为无线传感器网络拓扑重构经典方法的重要补充，能够改善网络连通性，提高目标监测的有效覆盖率。接下来将从这两个方面介绍移动传感器网络拓扑重构的研究现状。

2.1.4.1　Sink 节点移动的拓扑重构研究现状

移动 Sink 节点的移动方式对无线传感器网络的性能有着重要影响。根据监测环境的不同，Sink 节点移动的拓扑重构方式也应不同。Sink 节点移动的拓扑重构方式大致可以分为三类：受控移动、随机移动和自主移动。

（1）Sink 节点受控移动的拓扑重构研究现状

移动 Sink 节点路径受控是指其移动轨迹是事先制定的[35]，移动 Sink 沿着一条设计好的路径收集传感器网络采集到的数据。这种方法的研究主要针对路由及移动的控制，通过感知传感器节点缓存的数据量来控制 Sink 的移动速度。文献[36]提出了一种基于移动 Sink 移动轨迹的路由协议。首先，Sink 节点选择其移动轨迹一跳范围内的传感器节点作为子汇聚节点。然后，子汇聚节点根据发送数据包的能耗建立最短路由树。最后，其他节点通过这些子汇聚节点将采集的数据发送到移动 Sink 节点，最终减少网络能耗。但是，该算法仅仅考虑了路由跳数，没有考虑网络生存时间，文献[37]在 Sink 节点移动情况下以网络生存时间为目标提出了一种优化的方法，实验结果表明其比文献[36]的方法更有优势。

文献[38]将移动传感器网络的数据采集分为三层，包括感知层、簇头层及移动汇聚层。在感知层，传感器节点选择多个簇头的负载均衡算法进行聚类。簇头层主要选择合适的传输距离以保证簇之间的连通，簇头收集的信息在簇间进行传递并最终发送给移动 Sink。移动汇聚层主要是 Sink 节点移动并收集各停靠点的信息，Sink 节点的移动还需要根据各簇头的数据量选择合适的停靠点，规划合理的路线。实验结果说明，文献提出的算法与其他多路径传输算法相比，普通节点能够降低约 50% 的能耗，簇头节点降低约 60%，延长了网络生存时间。

文献[39]将移动 Sink 节点的最短路由问题作为一个特例转化为旅行商问题（Travelling Salesman Problem，TSP），根据 TSP 路径不相交环路的特性提出了一种启发式的算法，从而进一步减少 Sink 节点移动距离。首先，该算法根据传感器的通信半径构建圆形通信范围，通过去掉通信冗余区域以缩小问题规模。然后，以节点为顶点构建赛道并寻找最优路径。最后的仿真实验说明，该算法能够缩短 Sink 节点的移动距离。该算法的最大优势是能够在时间复杂度为 $O(n^2)$ 的情况下搜索出赛道内的近似最优路径。

文献[40]主要研究无线传感器网络中移动 Sink 节点在不同停靠点进行数据收集的传输时延问题。作者认为移动 Sink 节点的调度和移动是产生数据传输时延的主因。因此，该方案集中于研究 Sink 节点如何移动才能够均衡数据传输时延和移动 Sink 的移动时间。该算法考虑 Sink 节点移动的连续性及数据传输速率的动态性，在缩短了数据传输时延的同时也减小了 Sink 的移动距离。仿真实验结果说明该方法在缩短传输时延和减小移动距离方面有一定优势。

为了延长混合传感器网络的生存时间，文献[41]基于网格提出了一种多移动 Sink 节点的能耗均衡算法。首先，该算法将目标监测区域划分成正方形的网格。然后，移动汇聚节点一对一负责每个网格的数据采集，并根据每个网格中移动 Sink 节点能量消耗的不同进行分区调整，从而达到能量均衡的目的，延长网络生存时间。仿真实验结果也说明该算法能有效延长网络生存时间。

目前的研究中，大多设定一个移动 Sink 节点沿着固定的轨迹移动进行数据收集，这会造成能耗不均、数据传输时延大及网络生存时间短等问题。因此，Sink 节点移动受控的拓扑重构是一个值得研究的问题。

（2）Sink 节点随机移动的拓扑重构研究现状

移动 Sink 节点随机移动即其移动行为是不可预测的。因此，移动 Sink 节点的移动轨迹、速度及位置等信息在下一个时间是不可预知的。文献[42]提出一种将移动 Sink 节点安装在不可控的移动的实体（如车辆、动物或人类等）上，移动 Sink 节点定期发送 Beacon 数据包，而普通节点监听移动 Sink 节点的位置，如果发现 Sink 节点则进行数据传输。这种方法简单易行，部署方便，但是线路不可控、时延大且优化难度大。因此，目前的研究多集中于多跳及多 Sink 节点的拓扑重构机制。

文献[43]提出了一种多 Sink 节点随机移动的数据采集算法。首先，该算法以四边形为基础，将目标监测区域划分成网格。然后，在每个四边形中随机选择一个节点作为头节点，该节点用于收集网格中其他节点的信息。相邻网格之间的头节点可以相互通信。移动 Sink 节点在收集数据时会以洪泛方式向周围的头节点发送数据收集请求消息，距离移动 Sink 节点最近的头节点收到请求后会转发请求消息到目的头节点。最后，目的头节点收到请求消息后，会发送自己收集的信息到移动 Sink 节点。仿真实验结果说明，采用这种网格结构的多移动 Sink 数据收集协议能够减少网络时延及能耗。

文献[44]针对 Sink 节点的随机移动提出一种基于聚类的数据传输（Hierarchical Cluster-based Data Dissemination，HCDD）方案，该方案首先将网络中的节点划分为多个簇，然后，在每个簇中选择一个节点作为簇头节点，该节点用于收集簇中其他节点的信息。最后，由簇头将收集到的信息转发给移动 Sink 节点。移动 Sink 节点在随机移动过程中，定期只向簇头节点发送自己的位置信息，这样减少了移动 Sink 节点广播自己位置信息时产生的能耗。HCDD 算法应用范围广，能够降低能耗，但是分簇形成路径的不确定性，使源节点到 Sink 节点的路径不一定是最短的[45]，这提高了移动 Sink 节点的能耗。基于 HCDD 算法的思想，文献[45]提出了一种节能流数据传输（Energy-effcient Streaming Data Delivery，SDD）算法。同样地，SDD 算法也采用分簇方法，同时为了减少移动 Sink 节点在经过多个分簇时频繁地发送自己的位置信息，SDD 算法使移动 Sink 节点与源节点之间保持端到端的连通。移动 Sink 节点与源节点之间的最短路径则由簇头节点记录在路由表中。SDD 算法还采用优先级的方式决定簇头节点是否承担数据转发任务。簇头的优先级由移动 Sink 节点经过簇头的时间决定，当前时间距离这一时间越近，优先级越高。仿真实验结果说明，SDD 算法在信息负载及时延方面优于 HCDD 算法。

文献[46]采用追踪移动 Sink 节点位置的方式进行数据传输。首先，移动 Sink 节点在监测区域移动时会定期广播自己的位置信息。然后，传感器节点收到该信息后会记录移动 Sink 节点的位置，同时在发送数据时携带移动 Sink 节点的位置信息。最后，一段时间后，网络中的传感器节点都能获取移动 Sink 节点位置，并能根据其位置进行路由选择及数据转发。仿真实验结果说明，该算法能够减少控制开销，提高数据传输成功率。

（3）Sink 节点自主移动的拓扑重构研究现状

移动 Sink 节点自主移动是指移动 Sink 节点可以根据无线传感器网络的性能和状态的变化来调整其移动。这种方法使移动 Sink 节点的移动能够适应网络的变化，具有更大的自由性，也更加灵活。网络生存时间是无线传感器网络的重要性能指标，因此为移动 Sink 节点选择一条合适的移动路径以延长网络生存时间是非常重要的[47]。文献[48]指出如果不考虑监测区域的静态传感器节点的能耗，则在移动 Sink 节点移动过程中节点能量不均衡，影响网络生存时间。因此，文献[48]提出了一种自适应的 Sink 节点移动方案，该方案使移动 Sink 节点尽可能地靠近剩余能量多的节点而远离剩余能量小的节点，从而降低均衡网络中节点的能耗，延长网络生存时间。

文献[49]采用混合整数线性规划（Mixed-integer Linear Programming，MILP）分析模型，提出了一种移动 Sink 节点的移动控制算法以最大化网络生存时间。该算法中还提出了一种控制移动 Sink 节点向能量最大节点移动的启发式算法。该算法由于需要监测各传感器节点的能量剩余情况，因此会产生额外的开销。文献[50]提出了一种感知传感器节点剩余电量、调整传感器节点发射功率及移动 Sink 节点位置的算法 EASR。仿真实验结果说明，该算法能够延长网络生存时间。文献[51]通过建立包含多种参数（静态传感器节点与移动 Sink 节点之间的距离、网络拥塞状况及传感器节点剩余能量）的目标函数，提出一种规划的移动 Sink 节点轨迹方法。文献[52]利用多个移动 Sink 节点经过传感器节点通信范围的停留时间和移动路径来最大化网络生存时间。

文献[53]为了适应大规模异构传感器网络的数据存储，取消了移动 Sink 节点的限制，给予移动 Sink 节点充分的自由适应网络性能的变化。文献[53]提出的分布式存储协议，通过选定传感器节点作为数据存储点并管理这些存储点的数据复制，保证了数据收集的鲁棒性。协议选择的数据存储节点会存储网络中一定量的重要数据。移动 Sink 节点只需移动访问这些节点就可以获取网络中的重要数据。仿真实验结果说明，协议在消息损失可接受的范围内，能够减少消息开销并减少能量空洞。采用移动 Sink 节点进行数据采集会造成较大的网络时延，而采用多跳的方式虽然能够减少网络时延，但会提高网络能耗，缩短网络生存时间。因此文献[54]采用轮询的方式提出了一种限制路由跳数的移动收集算法（Bounded Relay Hop Mobile Data Gathering，BRH-MDG）来均衡时延和能耗。首先，在无线传感器网络中选择部分节点作为轮询节点。然后，轮询节点只采集距离其三跳以内节点的信息。最后，移动 Sink 节点移动访问这些轮询节点并收集数据。该想法比较有启发性，但是未考虑路由跳数与移动 Sink 节点移动距离之间的关系，只是分别对其进行了讨论。文献[55]基于该想法考虑了路由跳数与移动 Sink 节点移动距离之间的关系，在节能和数据采集延迟之间建立平衡，从而调整本地数据聚合的中继跳数和移动 Sink 节点的移动长度。仿真实验表明其在平均中继跳数方面比 BRH-MDG[54]更有优势。

2.1.4.2 普通节点移动的拓扑重构研究现状

在大范围及高密度的应用场景中无线传感器网络往往需要大量的移动作业，如军事战场、气体监测及水污染监测等场景中，无线传感器网络应根据目标监测区域位置的变化而进行移动。无线传感器网络重新构造网络拓扑，可以减少路由维护开销、提高共享信道的利用率及提高目标监测的有效覆盖率等。

文献[56]指出在移动传感器网络中要考虑节点的移动性和能量来保证网络的连通。为了改善网络的连通性，该文献采用分簇的拓扑结构并考虑了节点的能耗、发射功率及链路质量来选择簇头。这种方法能够减少网络能耗，延长网络生存时间，改善了网络中节点的连通性。文献[57]针对移动传感器网络的连通性较弱问题，提出了一种针对不同移动节点的连通性的保障时隙（Guaranteed Time Slot，GTS）分配方法。该算法根据移动节点的优先级决定 GTS 的分配及预留权。其中，节点的优先级由节点的移动程度（考虑了节点速度、方法和相对移动性）决定。仿真实验结果说明，该算法能够提高移动节点的接入成功率。文献[58]提出了一种基于节点度的分簇方法。首先，无线传感器网络选择节点度最大的节点（当节点度数相同时选择 ID 较小的）作为簇头。该算法可以减少网络拓扑中的簇头节点数量，被广泛认可，节点度成为簇头选择的重要依据之一。文献[59]基于节点度的思想，在选取簇头节点时以两跳邻居节点作为节点度，计算该节点的 2-hop 簇的密度，同时还考虑覆盖率、移动性及剩余电量的综合权值。基于文献[59]，文献[60]首先计算 k-hop 邻居节点的节点度。然后，根据节点上一时刻的权值，利用点推断和线性推断法预测节点下一时刻的权值，预测的权值能够体现节点相对其他节点的稳定度。最后，选择预测权值最大的节点作为簇头。

网络连通性要求是无线传感器网络的基本要求之一，根据上述无线移动传感器网络拓扑重构算法的分析，这些算法主要针对无线传感器网络的连通性、能量均衡进行普通传感器节点的移动控制，较少考虑网络的覆盖性，下面介绍针对网络覆盖性的移动传感器网络拓扑重构研究现状。

在一些特殊的应用场景（如污染源定位、气体泄漏扩散监测及火灾跟踪等）中，无线传感器节点往往采用随机播撒的方式进行部署，而随机部署会造成网络连通性、覆盖性、能耗及网络生存时间等性能不能满足实际的需要。另外，目标监测区域往往是变化的，对目标区域的覆盖有着不同的要求。因此，需要无线传感器网络节点通过移动进行拓扑重构以适应不同的覆盖要求。由于集中式的无线传感器节点移动控制需要掌握大量的全局信息，很难实现，因此目前针对这一问题，分布式的解决方案成为研究的主流。文献[61]为了使节点向其邻居节点靠近而形成集群，采用人工势场的方式设计了一种多智能体群集控制算法，该算法还考虑了节点之间以及与障碍物之间的碰撞问题。文献[62~64]针对随机网络部署存在的覆盖问题进行研究，根据感知半径通过控制节点的移动来改善网络的覆盖性。文献[62]根据机器人的虚拟力理论提出一种集中式的传感器路径移动算法。该算法假设存在一个强大的簇头节点，能够与所有传感器节点进行通信，并能获取所有节点的位置。算法评估了每个传感器节点所受到的虚拟引力和斥力并计算合力，最后传感器节点根据这个合力移动到所需位置。文献[62]提出了一个分布式的自组织方法。该算法首先基于 Voronoi 图建立覆盖空洞（感知空隙），然后提出了三种算法引导传感器节点向覆盖空洞移动。然而，由于传感器节点通信距离有限，并不总是能建立精确的 Voronoi 图。需要简化部署的计算量并进一步优化以避免传感器节点移动得太远。另外，由于该算法的终止条件是覆盖范围，当传感器数量远大于监测区域需求时，传感器节点会分布不均匀。因此，文献[64]提出了一个基于扫描的移动辅助传感器节点部署方法（Localized Scan-based Movement-assisted Sensor Deployment Method，SMART）来解决覆盖不均衡问题。SMART 不直接解决网络覆盖问题，而是通过 2D 扫描和维度交换来实现传感器网络负载均衡，从而平衡网络状态。SMART 可以在现有的移动控制方案上运行，特别是对于分布不均匀的无线传感器网络，能产生良好的性能。然而，该方案只考虑了感知半径相同的传感器节点。文献[65]提出了一个考虑感知半径不同的移动传感器节点移动控制算法，提出的算法增强了传统基于 Voronoi 图的方法，适应了感知/监测半径的多样性。文献[66]针对感知半径不同的传感器网络的移动控制及覆盖空洞的问题提出了一种增强的虚拟力算法（EVFA-B）和传感器节点自组织算法（SSOA）。仿真实验结果说明，该算法在覆盖率、监测密度、网络的自我修复能力和移动能耗方面有较好的性能。

2.1.5 存在的问题

综上所述，由于移动传感器网络应用领域的不断扩展及网络拓扑动态变化的特点，网络拓扑重构问题一直是近年来研究者关注的热点问题，这方面的研究取得了一定的成果，但仍有很多问题需要解决，主要概括为如下几点：

① 现有的移动传感器网络拓扑重构算法大多没有考虑监测区域边界对传感器节点移动的限制，造成部分传感器节点移动距离过大，移动至目标监测区域的边界外，引起无效覆盖，使网络覆盖率下降。

② 现有的移动传感器网络拓扑重构算法大多没有考虑在传感器节点移动时监测环境的变化及监测区域的重要程度，尤其是在移动传感器节点较少而覆盖区域较大的情况下，对重点区域的覆盖率不理想。

③ 现有的移动传感器网络拓扑重构算法在中继节点选择时大多针对固定 Sink 节点，在 Sink 节点受控移动情况下，传感器节点选择 Sink 节点时缺少负载均衡机制，且在邻居传感器节点选择时没有考虑延迟容忍的情况，存在部分传感器节点到 Sink 节点路径过长及能量消耗不均的问题。

2.2　移动传感器网络任务协同

根据本书的研究内容，这里主要从移动多媒体传感器网络和移动可充电传感器网络这两个方面介绍移动传感器网络任务协同的研究现状。

2.2.1　移动多媒体传感器网络任务协同研究现状

目前，监测环境的复杂性对无线传感器网络感知环境描述能力的要求越来越高，因此在无线传感器网络中引入了图像、音视频等多媒体信息，无线多媒体传感器网络也因此应运而生[67]。近年来，国内外科研人员对多媒体传感器网络技术产生极大关注，许多专家学者开展了大量的研究。在国外，美国加利福尼亚大学、卡耐基-梅隆大学、马萨诸塞大学等著名学府都开始了多媒体传感器网络的相关研究，成立了相关研究组并启动了相应的科研计划。我国的学者也开始了该领域的探索，多媒体传感器网络方面的研究机构主要包括国防科技大学、北京邮电大学智能通信软件与多媒体北京市重点实验室、中国科学院计算技术研究所及哈尔滨工业大学等。未来 10～20 年间各行业对物联网的需求将越来越大。在 2016 年，我国已经将物联网纳入到"十三五"规划中，物联网成为我国下一代信息技术的研究重点。"十四五"时期，我国将推动物联网全面发展，打造支持固移融合、宽窄结合的物联接入能力。无线传感器网络是物联网技术的基础，无线多媒体传感器网络作为 WSNs 的重要组成部分，能够结合社会各行业的需求实现多媒体信息化领域的广泛应用。

无线多媒体传感器网络（WMSNs）是在传统的 WSNs（只能采集简单的数据，如压力、湿度、温度等环境数据）基础上装备有摄像头或微型麦克风等数据采集设备的一种新型传感器网络[68]。移动多媒体传感器网络（MWMSNs）是在 WMSNs 的基础上加入了移动模块，将多媒体传感器节点附着在可移动对象上。MWMSNs 可广泛应用于战场环境、智能交通、智能家居、生态环境监测（如野生动物监测及洋流监测等）及医疗健康监测等[69~72]。它与普通传感器网络相比，除了资源有限、拓扑动态变化这些特征外，还具有以下特点：

① 感知信息丰富。与普通传感器网络相比，MWMSNs 除了可以采集标量信息（如光线、温度、湿度、压力、压强等）外，还可以采集到图像、音视频等丰富的数据量大的多媒体信息。

② 任务处理复杂。普通传感器网络采集的标量数据形式单一、处理简单，有的甚至不需要经过处理就可以直接发送给 Sink 节点。而 MWMSNs 采集到的图像、音视频等多媒体信息数据量大，需要进行压缩、融合、编码等预处理后再通过多跳的方式传输到 Sink 节点。

③ 能量消耗大。多媒体传感器节点采集及处理图像、音视频数据相比普通 WSNs 节点采集标量数据消耗的能量更多。

WMSNs 与传统的无线传感器网络相比，增加了图像、音视频等多媒体信息感知功能，是一种能耗高的无基础设施网络。与普通传感器相比，无线多媒体传感器网络采集的信息丰富但数据量也更大，传感器进行多媒体信息传输和处理的能耗较高。目前，无线多媒体传感器网络的带宽资源有限且处理能力薄弱，能否高效地进行多媒体数据传输和处理，是影响无线多媒体传感器网络应用的重要因素。无线多媒体传感器数据的传输和处理通常是计算密集的任务。单个节点承担大量的感知、传输和处理任务会快速消耗节点有限的能量，而通过节点之间的相互合作进行任务处理，能够合理利用资源，降低能耗，提高处理的效率。因此，无线多媒体传感器节点之间的协同是解决多媒体数据传输和处理问题的有效途径之一。

无线传感器网络中的多媒体信息传输是一个非常具有挑战性的任务，是影响其广泛应用的重要因素。文献[73]针对无线多媒体传感器网络中图像的传输问题提出了一种两跳的分簇图像传输方案。在传统的聚类结构中，当配备相机的节点或簇头进行图像压缩时能量消耗快，容易出现能量空洞问题。该方案采用多个重定向器用于压缩和转发图像，从而减少装备有相机的节点和簇头的能量消耗。通过自适应调整摄像机集群中传输半径并根据摄像机节点中传感器节点的剩余能量进行任务分配，从而平衡节点能耗。实验结果表明，在传感器节点密集部署的情况下，该方案可以延长网络寿命。文献[74]针对无线多媒体传感器网络中图像的传输提出了一种协作多路径路由协议。首先，该协议定义了一个新的带宽功率感知协作多路径路由（Bandwidth-power Aware Cooperative Multi-path Routing，BP-CMPR）问题，并提出了一种多项式时间启发式算法解决这一问题。这种协议可以通过多节点合作和资源分配有效降低能耗。文献[75]为了高效地实现多媒体数据的云存储、处理和传输，针对无线多媒体传感器网络开发了一种多媒体应用的服务质量（Quality of Service，QoS）保证协议。该文献首先基于信道质量的分组错误率、可解码帧比和峰值信噪比（Peak Signal to Noise Ratio，PSNR）的变化提出了机会主义动态多媒体云平台；然后，基于图像组（Group of Pictures，GOP）的构图重建协作多媒体流来设计和实现最优多中继分层协同多媒体传输方案；最后，介绍了 WSNs 的动态性多媒体云平台与协同多媒体流的组合 QoS 保证协议。仿真结果表明，提出的 QoS 保证协议可以满足多媒体应用的 QoS 要求。

文献[76]为了最大化无线多媒体传感器网络节点的 QoS，并最大限度地减少视频通信中的能耗，基于快速傅里叶变换提出了一种能量感知分层路由协议（Power Efficient Multimedia Routing，PEMuR）与智能视频分组调度相结合的方案。首先，采用 PEMuR 协议选择最节能的路由路径，根据节点的剩余能量来管理网络负载，并且使用能量阈值来防止无用的数据传输。另外，提出的分组调度算法采用失真预测模型，降低视频失真可能性并提高传输速率。因此，在可用信道带宽有限的情况下，该算法可以在传输之前选择性地丢弃不重要的分组。仿真结果证明了该方案的有效性。文献[77]针对无线多媒体传感器网络的带宽提出了一种基于定价机制的带宽分配算法。首先，为了保证网络的性能，采用失真和拥塞模型进行初始带宽的分配。然后，通过调整每个网络和时隙的带宽成本来平衡不同用户的实时需求，从而提出了基于定价机制的带宽分配算法。最后，对提出的算法进行仿真，结果表明所提算法平衡了不同用户的带宽比，可以提供良好的网络性能，保证了用户使用的公平性。

文献[78]针对资源受限的无线多媒体传感器网络提出了一种协作的任务卸载方案。首先，针对视觉分析任务，根据需要提取局部视觉特征，对静态图像或视频的视觉内容进行简洁和独特的表示。然后，将所提取的特征与特征数据集进行匹配以支持诸如对象识别、人脸识别和图像检索之类的应用。提出的协作方案通过将视觉处理任务卸载到邻近的传感器节点来最小化特征提取算法的处理时间。最后，在真实无线传感器网络测试台上对提出的卸载方案性能进行仿真评估。结果表明，提出的卸载方案能够降低任务处理时间。文献[79]在无线多媒体传感器网络低速移动情况下提出了一种任务分配框架，可以实现具有低速（例如行人速度）节点移动的无线多媒体传感器网络高效任务处理及具有成本效益的多跳资源共享。该方法采用遗传算法的进化自学习机制从而不断适应系统参数，还引入了自适应窗口大小来限制延迟周期，以满足期望的应用延迟要求，确保基于节点移动性模式和设备处理能力。仿真结果显示，该算法与启发式算法相比，能够降低网络延迟，延长网络生存时间。目前，针对无线多媒体传感器网络的任务协同研究处于起步阶段，现有的任务分配算法大多基于多目标优化方法，考虑了任务完成时间[80]、能耗[81, 82]、负载平衡度[83]及服务可靠性[84, 85]等。这些解决方案多采用启发式方法，而这些方法是确定性的和不回溯的，即使任务在算法执行的后期被发现是不合适的，任务分配决策也不能改变[86]。这种解决方案不能直接应用于动态的移动多媒体传感器网络任务分配。

2.2.2 移动可充电传感器网络任务协同研究现状

无线可充电传感器网络（Wireless Rechargeable Sensor Networks，WRSNs）是指采用无线能量收集技术供能的传感器节点所构成的无线传感器网络[87]。无线传感器节点能够使用能量获取装置从环境中采集并储存能量从而解决电池能量受限的难题，使无线传感器网络的长期运行成为可能。目前，从环境中可采集的能源有多种形式，主要包括太阳能、风能、生物能、振动及电磁能等。2007 年，Kurs 等人[88]在 *Science* 杂志上发表文章论证了无线充电的可行性，采用耦合共振方式实现了对较远目标进行较高效率的无线充电。随后，Karalis 和 Kurs 研制了一系列无线充电的原型设备并获得了多项美国国家专利[89~91]，这使解决无线传感器网络应用的能量问题迎来了新的机遇。这种无线能量传输技术主要有三个方面的优势[92]：

① 充电和被充电设备不需要有线或接触连接；
② 充电方位不固定，也不需要在可视范围内；
③ 强耦合磁共振方式相比从其他环境中获取能量的方式，具有可预测性，且具有稳定性和可控性。

因此，本书研究内容中的移动充电节点采用磁耦合谐振技术为无线传感器网络提供能量补充服务。

移动可充电传感器网络是在 WRSNs 的基础上加入了移动模块，将 MC 和无线传感器节点附着在可移动对象上。移动可充电传感器网络与普通传感器网络相比具有以下特点。

① 电量可补充性。移动可充电传感器节点的电量可补充，理论上移动可充电传感器网络可以保持永久工作。

② 移动性。MC 节点和传感器节点的移动使得无线传感器网络拓扑动态变化。

③ MC 节点能力有限性。在实际的应用中，MC 的充电能力是有限的，表现为移动速度、充电功率及总能量是有限的。

因此，要想实现移动可充电传感器网络的永久存活，在出现充电任务请求时不仅要求 MC 能够根据网络状态动态调整其移动方式，还需要 MC 与无线传感器节点之间通过合作，进行合理的规划，从而能够合理利用资源，降低能耗，提高充电的效率。

目前，针对无线可充电传感器网络的充电任务协同机制越来越受到国内外科研人员的重视。文献[92～99]中，科研人员研究了可充电无线传感器网络中 MC 的充电任务调度问题，根据无线能量传输技术提出了相应的无线传感器网络模型及优化问题，通过求解相应优化问题的近似最优解，获得无线充电节点对传感器网络进行充电的方案，提高了传感器网络的充电效用。但是这些方法不涉及可充电无线传感器网络的动态拓扑问题，且并未考虑移动充电节点在遍历网络中传感器节点时作为数据采集设备获取数据的动态拓扑问题。文献[100]研究了时变模式下可充电无线传感器网络的时变充电及动态数据路由模型，通过求解相应优化问题，得到网络中传感器节点及 MC 的工作策略，但该方法仍未考虑 MC 作为数据采集设备获取数据的动态拓扑问题。文献[101～104]考虑 MC 在对传感器节点进行充电时可以作为数据采集设备从该传感器节点处获取数据信息，提出了可充电无线传感器网络中的动态拓扑工作方式。但是这些方法都缺乏充电任务协同机制，影响了充电效用及网络能耗。

针对无线可充电传感器网络的充电任务调度，文献[105]提出了一种基于分簇的多 MC 协同充电策略。首先，该方法为了衡量网络中 MC 相对于簇头节点的合适程度，定义了相对合适度；然后，将整个无线可充电传感器网络划分为多个充电簇，且簇头节点负责向相对合适度大的节点传输簇状态信息。在 MC 移动充电时，考虑了充电簇的剩余电量及 MC 和簇头之间的距离。仿真实验说明，该方法能够提高充电效率，改善网络鲁棒性和网络连通性。文献[106]针对无线可充电传感器网络提出了一种分层充电方法来增强移动充电节点之间的协同。该方法将充电节点分为两类，即分级较低的移动充电节点（MC）和分级较高的特殊充电节点（Hierarchically Higher Special Chargers，SCs），其中 MC 给传感器充电，SCs 给 MC 充电。为了提高充电效率、改善网络性能，该方法提出了四个新的协同充电协议，并提供了一个能够添加在非协同协议上层次化的加载项，延长了网络生存时间并提高了可靠性。

文献[107]针对移动充电节点对无线传感器网络的周期性充电，考虑了异步剩余工作时间，并通过总服务率给出的充电周期上限和下限定义了传感器节点的时间窗口；然后，将无线传感器网络中的充电问题建模为拥有时间窗口的移动充电节点路由问题。为了解决具有不同路由路径的多 MC 问题，该方法将多个路由问题转换为单个路由问题，考虑了移动充电节点之间的协同，提出一种局部最优化算法。仿真结果显示，提出的算法在充电调度方面具有一定的优势。针对无线可充电传感器网络的周期性充电任务，文献[108]提出了一种移动充电任务协同调度算法ηPushWait，该算法允许 MC 之间进行能量传递。该文献首先在满足三个假设条件情况下证明了该方案可以覆盖无限长的一维无线传感器网络；然后，逐一去掉假设条件并将该方法扩展到受限的二维无线传感器网络场景中。仿真实验说明，该方法能够提高充电的能量有效性。

文献[109]针对无线传感器网络监测环境中存在部分可充电区域的场景，提出了一种分布式协作算法，该算法考虑了移动传感器节点的能耗和剩余能量，并与邻居节点进行协作。仿真结果显示，提出的算法能够延长无线传感器网络生存时间。文献[110]针对大规模无线可充电传感器网络的按需充电架构提出了一种按计划调度算法。该算法利用充电任务的相互依赖性来提高充电效率，采用本地搜索算法搜索主节点（MC 当前运动方向上的充电节点）的附近节点，然后将这些节点作为过路节点进行充电。这种协同策略不仅能够充分利用充电周期内的可用剩余时间，而且解决了空间和时间任务相互依赖的复杂调度问题。仿真实验说明，按计划调度算法在存活率及吞吐量等方面具有一定的优势。文献[111]针对无线可充电传感器网络协同充电方案中缺乏均匀性和动态充电机制的问题，提出了一种博弈论的协同充电方案。该方法考虑了贡献度、充电优先级及收益，将充电过程转换为 MC 之间的协同博弈。然后，每个移动充电节点在完成充电任务时寻求收益最大化，并且该文献证明了所有移动充电节点的充电策略的条件都能达到纳什均衡点。仿真实验说明，该方法在充电效率方面具有一定的优势。但是，这些充电任务协同方法在建立移动路径时没有考虑 MC 电量不足的情况，且采用完全充电的方式，即 MC 经过的传感器节点电量都予以充满，这会减少 MC 的可移动距离及可对传感器充电的数量。另外，这些方法不涉及可充电无线传感器网络的动态拓扑，造成部分节点到 Sink 节点的路径过长及网络生存时间短的问题。

2.2.3　存在的问题

综上所述，针对移动多媒体传感器网络和移动可充电传感器网络的应用需求，目前研究人员对移动传感器网络任务协同做了大量的研究，提出了多种任务协同的方法。但是各种任务协同方法因为着眼于不同的侧重点而各有利弊，仍有许多问题需要解决。移动多媒体传感器网络任务协同的问题主要概括为如下几点。

① 现有的算法主要针对固定的无线多媒体传感器网络，将这些方法直接应用于移动的场景中会出现任务频繁中断，造成任务数据重传及重新执行的问题，浪费有限的通信和计算资源。

② 现有的无线多媒体传感器网络任务协同算法，在进行任务分配时往往没有考虑协作节点的处理能力的动态变化，会造成任务分配不合理，出现传感器节点分配的任务大于或远小于其处理能力的情况，影响任务执行的效率。

移动可充电传感器网络任务协同的问题主要概括为如下几点。

① 现有的移动可充电传感器网络充电任务协同算法中，MC 在建立移动路径时没有考虑下一轮充电任务中传感器节点的协作充电机制，造成下一轮充电任务协同中 MC 的移动路径过长及移动能耗大的问题。

② 现有的移动可充电传感器网络充电任务协同算法中，MC 在充电完成，返回维护站后，由 Sink 节点进行数据采集，在下一轮充电开始前并不进行数据采集，造成部分传感器节点到 Sink 节点的路径过长及充电任务间隔时间短，降低了充电的效率，缩短了网络生存时间。

2.3　本章小结

本章首先对移动传感器网络的拓扑重构及任务协同进行了综述，介绍了移动传感器网络拓扑重构的定义、目标及拓扑重构的经典方法，并详细分析了 Sink 节点移动和普通节点移动的拓扑重构研究现状及存在的问题；然后进行了移动传感器网络任务协同综述，详细分析了移动多媒体传感器网络及移动可充电传感器网络的任务协同研究现状及存在的问题。

第 3 章 •◦

面向气体泄漏监测的 MWSNs 虚拟力 3D 拓扑重构机制

3.1　引言

　　有害气体的泄漏可能导致重大的人员和财产损失，泄漏的气体会污染空气，持续危害人类健康。无线传感器网络（Wireless Sensor Networks，WSNs）作为监测区域空气质量的重要方式，在气体泄漏事件中能提供一种有效的方式来减少人员伤亡和经济损失。因此，合理地部署移动传感器网络是监测气体泄漏扩散情况的基础。面向气体泄漏监测的移动传感器网络部署方式主要分为随机部署和确定性部署，移动传感器节点的合理部署能够大大提高网络的性能。确定性部署：在条件良好（有害气体未泄漏）的监测环境中，可以精确计算无线传感器节点的放置位置并通过人工进行部署。随机部署：在条件危险、恶劣或动态变化的监测环境（有害气体已经泄漏）中，采用确定性部署困难，可以采用无人机播撒的方式进行部署。然而，这两种部署方式都会出现覆盖空洞的现象，这是因为：

　　① 随机部署方式受环境影响（如风速、风向及地理环境的影响）较大，很难实现监测区域的全覆盖，这就会造成覆盖的空洞；

　　② 确定性部署中，传感器节点自身硬件故障或能量消耗殆尽也会造成覆盖空洞；

　　③ 由于被监测目标的移动性，无线传感器网络未能及时跟踪监测，也会造成覆盖空洞。

　　因此，需要移动传感器网络通过移动部分节点重新构建网络拓扑以满足气体泄漏监测网络的覆盖性要求；气体泄漏环境复杂多变，还需要移动传感器网络不断调整网络拓扑以应对监测环境的变化。因此，研究气体泄漏监测场景中移动传感器网络的拓扑重构具有重要的现实意义。

　　目前的无线传感器网络的部署根据场景的不同主要分为三种：一维[112~114]、二维[62, 66, 115~119]及三维[120~130]环境。无线传感器网络的一维场景部署，如河网[112]、输油输气管道网络[113]和道路网络[114]。大多数关于无线传感器网络部署的研究针对二维的场景，如虚拟力[62, 66, 115]方法、几何方法[116~118]及最优化方法[119, 120]等。然而这些二维的方法不能直接应用于三维的场景中，目前三维的无线传感器网络部署主要针对水下传感器的部署，如文献[121~124]所述，而这些方法也不能直接用于三维空间的气体泄漏监测。考虑到气体扩散的动态性，在三维部署中应考虑传感器节点的自组织性。无人机传感器网络是由大量装载结构简单、价格低廉传感器设备的无人机节点组成的网络[125]，在军情探测和环境监测等方面发挥着越来越重要的作用，这种特殊的移动传感器网络为三维空间的气体泄漏监测提供了可能。目前，文献[126]利用移动传感器网络的最优三维网格模式提出了一种分布式动态搜索覆盖算法。文献[127]基于虚拟力模型提出了一种移动传感器网络的自组织部署算法，该方法使用了 3D 虚拟力模型控制节点的移动，并采用密度控制策略来平衡节点在监测区域的分布。但是该算法没有考虑监测区域边界对传感器节点移动的限制，会造成部分传感器节点移动至边界外，引起无效覆盖，降低网络覆盖率。另外，该算法也没有考虑在传感器节点移动时监测环境的变化及监测区域的重要性。

　　基于以上分析，本章针对气体泄漏监测的监测区域范围不同提出了基于虚拟力的 3D 自组织拓扑重构算法和分层优先级 3D 拓扑重构算法。首先，将整个移动传感器网络假设为一个虚拟物理系统，移动传感器节点看作是粒子，建立虚拟力模型。该模型考虑了气体浓度大小及监测区域边界对传感器节点产生的虚拟力，使传感器在监测区域中朝着气体浓度较高和距离边界较远的方向移动，针对气体泄漏监测区域较小，且传感器节点充足的场景提出一种基于虚拟力的 3D 自组织拓扑重构算法。该算法中传感器节点计算其所受虚拟力的合力，并根据这个合力进行移动从而实现传感器网络的拓扑重构。最后，考虑到监测区域重要程度的不同，针对气体泄漏监测区域较大，且传感器节点不足的场景，提出一种基于虚拟力的分层优先级 3D 拓扑重构算法。该算法将监测区域划分为多个层，并根据各层的优先级重新分配传感器数量。各层中的移动传感器计算其所受虚拟力的合力，并根据所受合力进行移动从而完成拓扑重构。仿真结果显示，提出的算法在这两种场景中能够提高网络覆盖率，延长网络生存时间，减少移动距离和能耗。

3.2　系统模型

3.2.1　假设与定义

　　本章中的定义如下。

　　定义 3-1　网络生存时间（Network Lifetime）：根据无线传感器网络中首个节点能量耗尽的时刻计算网络生存时间。

　　定义 3-2　更新时间（Refresh Time）：无线传感器网络中节点本次计算虚拟力后距离下一次计算虚拟力的间隔时间。

本章中的假设如下。

假设 3-1　每个无线传感器节点都有一个感知半径 r_s，且这个感知半径 r_s 比其通信半径 r_c 小很多。不失一般性，在本模型中它们之间的关系为 $r_c \geqslant 2r_s$。根据文献[66,128]，当 $r_c \geqslant 2r_s$ 时，完全覆盖一个监测区域意味着传感器节点之间是连通的，因此在本书的描述中只考虑了感知覆盖。

假设 3-2　每个无线传感器节点能够获取其邻居节点的地理位置[如通过北斗卫星导航系统、全球定位系统（Global Positioning System，GPS）或其他定位方式]。

假设 3-3　每个无线传感器节点能够获取气体浓度信息并可以与其邻居节点共享该信息。

假设 3-4　监测区域是预先设定的，且每个无线传感器节点能够分别预先获取监测区域在 x，y，z 方向的边界信息。

3.2.2　气体扩散模型

在实际的环境中，气体泄漏后受到外界风的影响，使气体扩散过程中的自身结构相当复杂，因此，对其结构的研究往往进行特殊化处理，建立相对简单的气体扩散模型进行理论分析研究。在泄漏源的监测研究中，应用最多的为基于湍流扩散理论的静态环境气体扩散模型[129]和高斯模型[130]。高斯模型主要有烟羽模型和烟团模型两类，其中：烟羽模型适用于连续的点源扩散过程描述，即释放时间通常大于或等于扩散时间的情况[131]；而烟团模型适用于气体瞬间释放或泄漏的扩散过程。

3.2.2.1　基于湍流扩散理论的静态烟羽模型

假设 $c(\bar{r},t)$ 为气体在位置参数 $\bar{r}=(x,y,z)$ 的浓度值，$\overline{f}(\bar{r},t)$ 为扩散通量，单位皆是 mg/m^3。根据菲克定律[132]可知，垂直于气体扩散方向的单位横截面积扩散通量，在单位时间内与该横截面处的气体浓度梯度成正比，而且气体物质扩散的方向为气体浓度变化梯度的反方向。而该处的气体浓度随时间的变化率等于扩散通量随距离变化率的负值，即：

$$\begin{cases} \overline{f}(\bar{r},t) = -k\nabla c(\bar{r},t) \\ \dfrac{\partial c(\bar{r},t)}{\partial t} = -\nabla \cdot \overline{f}(\bar{r},t) \end{cases} \tag{3-1}$$

式中，k 为气体扩散系数，m^2/s。

$$\frac{\partial c(\bar{r},t)}{\partial t} = -k\nabla^2 c(\bar{r},t) \tag{3-2}$$

式中，$\nabla^2 c(\bar{r},t) = \dfrac{\partial^2 c}{\partial^2 x} + \dfrac{\partial^2 c}{\partial^2 y} + \dfrac{\partial^2 c}{\partial^2 z}$。

假设一个气体泄漏源坐标为 $\bar{r}_0 = (x_0, y_0, z_0)$，从 t_0 时刻开始以释放速率 q 向四周释放气体，由式（3-2）可得：

$$c(\bar{r},t) = \frac{q}{4\pi k |\bar{r} - \bar{r}_0|} \mathrm{erfc}\left[\frac{|\bar{r} - \bar{r}_0|}{2\sqrt{k(t - t_0)}}\right] \tag{3-3}$$

式中，$\mathrm{erfc}(x) = -\dfrac{2}{\sqrt{\pi}} \displaystyle\int_x^\infty e^{-y^2}\mathrm{d}y$ 为误差补偿函数；$|\bar{r} - \bar{r}_0|$ 为传感器节点 $\bar{r}$ 与气体泄漏源点 $\bar{r}_0$ 之间的欧氏距离。若 $c(\bar{r},t) = 0$，当 $t\to\infty$ 时式（3-3）达到平衡状态[133]，此时：

$$c(\bar{r},+\infty) = \frac{q}{4\pi k |\bar{r} - \bar{r}_0|} \tag{3-4}$$

3.2.2.2　高斯模型

（1）高斯烟团模型

高斯烟团模型适用于气体泄漏源突发释放情况，即其释放时间相对于扩散时间比较短的情况，烟团模型为：

$$C(x,y,z) = \frac{\exp\left[-\dfrac{(x-vt)^2}{2\sigma_x^2}\right]\exp\left(-\dfrac{y^2}{2\sigma_y^2}\right)\left\{\exp\left[-\dfrac{(z-H)^2}{2\sigma_z^2}\right] + \exp\left[-\dfrac{(z+H)^2}{2\sigma_z^2}\right]\right\}q}{(2\pi)^{3/2}\sigma_x\sigma_y v_z} \tag{3-5}$$

式中，$C(x,y,z)$ 为下风向某点（x, y, z）的气体浓度，mg/m^3；q 为气体泄漏释放源释放速率，mg/s；H 为气体泄漏源的有效高度，m；v 为风速，m/s；t 为扩散时间，s；$\sigma_x, \sigma_y, \sigma_z$ 分别为 x, y, z 方向的扩散参数。

（2）高斯烟羽模型

高斯烟羽模型适用于连续的点源扩散过程描述，即释放时间通常大于或等于扩散时间的情况，一般可用式（3-6）表示：

$$C(x,y,z) = \frac{q}{2\pi\sigma_y\sigma_z v}\exp\left(-\frac{y^2}{2\sigma_y^2}\right)\left\{\exp\left[-\frac{(z-H)^2}{2\sigma_z^2}\right] + \exp\left[-\frac{(z+H)^2}{2\sigma_z^2}\right]\right\} \tag{3-6}$$

式中，$\sigma_y = \gamma_1 x^{\alpha_1}$，$\sigma_z = \gamma_2 x^{\alpha_2}$，而 γ_1, α_1, γ_2, α_2 是扩散系数。当 $z=0$ 时，可获得式（3-7）所示的气体浓度的计算公式。

$$C(x,y,z) = \frac{q}{\pi \sigma_y \sigma_z v} \exp\left(-\frac{y^2}{2\sigma_y^2} - \frac{H^2}{2\sigma_z^2}\right) \tag{3-7}$$

可以看出高斯烟团模型[式（3-5）]和烟羽模型[式（3-6）]非常相似，在实际情况下，气体泄漏过程往往是连续的点源扩散过程，因此本章基于虚拟力的传感器网络 3D 拓扑重构机制主要是基于高斯烟羽模型进行的。

3.2.3 虚拟力模型

Spears 等人[134, 135]在研究智能体集群时提出了虚拟力的概念，其思想是在自然界物理现象的启发下，在智能体之间设计虚拟作用力，智能体根据虚拟力进行移动，最终实现多智能体的集群控制。虚拟力基本原理[136]是将整个移动节点组成的网络假设为一个虚拟的物理系统，该虚拟系统包含移动节点和区域，两者对移动节点施加引力或者斥力，节点自身的移动方向和速度则取决于该节点所受相邻节点引力与斥力的合力，节点视为一个受力产生相应加速度以致运动的虚拟物理系统，节点移动直到达到受力平衡或者达到可移动的距离的上限为止。这种方法的优势是计算简单，且具有坚实的物理学理论基础。因此，有许多虚拟力算法被用于解决无线传感器网络的覆盖问题。

Howard 等人[137]首先将虚拟力的概念引入到提高无线传感器网络覆盖率的研究中，将网络中的每个传感器节点视为带有等量同性电荷的粒子，采用库仑力设计节点间虚拟力从而控制传感器节点的移动。Zou 等人[62]借鉴了这种思想，提出一种应用于传感器网络重部署的虚拟力算法，在初始传感器节点随机部署后，传感器节点从比较集中的区域自动扩散，使传感器节点均匀覆盖整个区域。文献[138]将微粒群算法和虚拟力算法相结合，提出了一种虚拟力导向微粒群的优化算法，该算法让虚拟力指导微粒群算法的速度更新过程，从而提高算法的收敛速度。文献[139]在有向传感器网络覆盖中应用虚拟力算法，将有向传感器网络覆盖问题转化为质心均匀分布问题，从而提出了一种基于虚拟力的有向传感器网络覆盖增强算法，能够有效提高有向传感器网络的覆盖率。但是这些算法仅适应于二维场景，不能直接应用于三维的气体监测场景中。文献[127]基于虚拟力模型提出了一种移动传感器网络的自组织部署算法，该方法使用了 3D 虚拟力模型控制节点的移动，并采用密度控制策略来平衡节点在监测区域的分布。但是该算法没有考虑监测区域边界对传感器节点移动的限制，造成部分传感器节点移动至边界外，引起无效覆盖，使网络覆盖率下降。另外，该算法在传感器节点移动时也没有考虑监测环境的变化及监测区域的重要程度。

基于以上分析，本书也借鉴这种虚拟力思想，将传感器节点看作粒子，赋予它们虚拟的万有引力，在虚拟力模型中引入了气体浓度和虚拟边界力，通过虚拟力的合力控制节点的移动来实现移动传感器网络的拓扑重构，从而提高网络的覆盖率。万有引力是自然界最基本的力之一，万有引力意味着每个粒子与其他所有粒子相互吸引。在式（3-8）中，引力与两个粒子的惯性质量成正比，与两个粒子的欧氏距离的平方成反比。

$$F = G \frac{M_1 M_2}{R^2} \tag{3-8}$$

式中，F 为万有引力的大小；G 为引力常数；M_1 和 M_2 分别为两个粒子的惯性质量；R 为两个粒子之间的欧氏距离。本书将移动传感器网络看作是一个虚拟的万有引力系统，将移动传感器节点抽象成虚拟力中的粒子，当传感器节点之间的距离大于某一距离时传感器节点的虚拟力表现为引力，当移动传感器节点间的距离小于某一距离时传感器节点的虚拟力表现为斥力。在万有引力的应用中，文献[140，141]的实验说明采用 R 代替 R^2 能够获得更好的效果，因此本书中虚拟的万有引力采用 R 代替 R^2。具体的虚拟万有引力模型构建如下：

设 n 个传感器节点（表示为 $s_1, s_2, \cdots, s_n$）部署在 3D 区域中，任意两个传感器节点的 s_i，s_j，其位置坐标信息分别为（x_i, y_i, z_i），（x_j, y_j, z_j），它们之间的欧氏距离为 $R_{ij}=[(x_i-x_j)^2+(y_i-y_j)^2+(z_i-z_j)^2]^{1/2}$。为了避免传感器节点之间相距过远或过近，考虑了距离阈值 D_{ij}，当 $R_{ij}<D_{ij}$ 时，传感器 s_i，s_j 之间会产生斥力。因此，传感器 s_i，s_j 之间虚拟的万有引力 F_{ij} 可用式（3-9）表示。

$$F_{ij} = \begin{cases} \left(G_0 \dfrac{C_i C_j}{R_{ij}}, \alpha_{ij}, \beta_{ij}, \gamma_{ij} \right) & R_{ij} > D_{ij} \\ \mathbf{0} & R_{ij} = D_{ij} \\ \left(-G_0 \dfrac{C_i C_j}{R_{ij}}, \alpha_{ij}, \beta_{ij}, \gamma_{ij} \right) & R_{ij} < D_{ij} \end{cases} \tag{3-9}$$

式中，G_0 为虚拟引力常数；（$\alpha_{ij}, \beta_{ij}, \gamma_{ij}$）为力 F_{ij} 的方向向量，且 $\alpha_{ij}=x_j-x_i$，$\beta_{ij}=y_j-y_i$，$\gamma_{ij}=z_j-z_i$；C_i 和 C_j 分别为传感器 s_i、s_j 监测到的气体浓度经过处理后的值。由于不同位置的气体浓度有巨大的差异，而节点之间的距离对虚拟

力的影响减弱，这会导致虚拟力的大小不合理，因此在式（3-10）中对气体浓度进行了处理。

$$C_i = \begin{cases} 1+\ln(C_{\mathrm{p},i}/C_{\mathrm{s}}) & C_{\mathrm{p},i} > C_{\mathrm{s}} \\ 1 & C_{\mathrm{p},i} \leqslant C_{\mathrm{s}} \end{cases} \qquad (3\text{-}10)$$

式中，$C_{\mathrm{p},i}$ 为传感器实际监测到的气体浓度值；C_{s} 为气体的安全浓度，也就说低于 C_{s} 这个浓度是无害的。

在图 3-1 中，给出了传感器节点 s_i 受到其邻居传感器节点 s_j、s_l 和 s_k 对其的虚拟力 $\boldsymbol{F}_{il}$、$\boldsymbol{F}_{il}$ 和 $\boldsymbol{F}_{ik}$。由于让每个传感器节点获取所有节点的位置及气体浓度信息代价高，也不现实，因此本书假设在传感器节点之间仅受到其一跳邻居节点产生的虚拟万有引力。为了使传感器网络的感知范围不超出监测区域，减少不必要的覆盖，本书考虑了监测区域的边界对传感器节点移动的限制，对所有传感器节点都产生虚拟边界力。在本书中监测区域是预先设定的，由一个三维立方体组成，其边界分别由 $x=x_{b1}$，$x=x_{b2}$，$y=y_{b1}$，$y=y_{b2}$，$z=z_{b1}$ 及 $z=z_{b2}$ 这六个平面组成，如图 3-1 所示的立方体监测区域，其边界分别由 $x=0$，$x=400$，$y=0$，$y=200$，$z=0$ 及 $z=400$ 这六个平面组成。因此，传感器节点 s_i 在边界 x，y，z 方向上分别受到两个虚拟边界力，分别是 $^x\boldsymbol{F}_{ib1}$、$^x\boldsymbol{F}_{ib2}$、$^y\boldsymbol{F}_{ib1}$、$^y\boldsymbol{F}_{ib2}$ 及 $^z\boldsymbol{F}_{ib1}$ 及 $^z\boldsymbol{F}_{ib2}$。沿着传感器节点 s_i 的位置到 x，y，z 方向的边界距离分别是 $^x R_{ib1}$，$^x R_{ib2}$，$^y R_{ib1}$，$^y R_{ib2}$，$^z R_{ib1}$ 和 $^z R_{ib2}$，可以通过 $^x R_{ib1}=|x_i-x_{ib1}|$，$^x R_{ib2}=|x_i-x_{ib2}|$，$^y R_{ib1}=|y_i-y_{ib1}|$，$^y R_{ib2}=|y_i-y_{ib2}|$，$^z R_{ib1}=|z_i-z_{ib1}|$ 和 $^z R_{ib2}=|z_i-z_{ib2}|$ 求出。$\boldsymbol{F}_{ib}$ 是传感器节点 s_i 受到

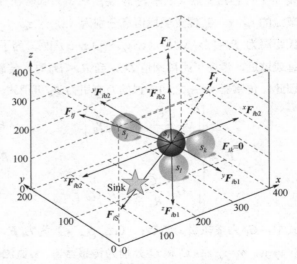

图 3-1 传感器节点 s_i 受到的虚拟力

边界 x，y，z 方向的虚拟边界力的合力，且 $F_{ib} = {}^xF_{ib1} + {}^xF_{ib2} + {}^yF_{ib1} + {}^yF_{ib2} + {}^zF_{ib1} + {}^zF_{ib2}$。其中，$\left|{}^xF_{ib1}\right| = G_0/{}^xR_{ib1}$，$\left|{}^xF_{ib2}\right| = G_0/{}^xR_{ib2}$，$\left|{}^yF_{ib1}\right| = G_0/{}^yR_{ib1}$，$\left|{}^yF_{ib2}\right| = G_0/{}^yR_{ib2}$，$\left|{}^zF_{ib1}\right| = G_0/{}^zR_{ib1}$，$\left|{}^zF_{ib2}\right| = G_0/{}^zR_{ib2}$。

本书还考虑了 Sink 节点对其邻居传感器节点的虚拟力，由于 Sink 节点不感知气体浓度信息，因此 Sink 节点的邻居传感器节点受到的虚拟力 F_{iS} 只考虑了 Sink 节点与其邻居传感器节点的欧氏距离 R_{iS}，F_{iS} 的计算如式（3-11）所示：

$$F_{iS} = \begin{cases} (-G_0/R_{iS}, \alpha_{iS}, \beta_{iS}, \gamma_{iS}) & R_{iS} < D_{iS} \\ \mathbf{0} & R_{iS} \geqslant D_{iS} \end{cases} \tag{3-11}$$

式中，D_{iS} 为 Sink 节点与邻居传感器节点的距离阈值，且 $D_{iS} = \delta(r_i + r_{s,Sink})$：$r_i$ 是传感器 s_i 的感知半径，$r_{s,Sink}$ 是 Sink 节点的虚拟感知半径，δ 是传感器网络的最大可能覆盖率，初始时 $r_{s,Sink} = 0$。当 Sink 节点的邻居传感器节点 s_i 的剩余能量 ε_i 低于平均剩余电量 ε_A 且 $R_{iS} < D_{iS}$ 时 Sink 节点才对传感器 s_i 产生虚拟斥力（具体将在 4.3.2 节进行介绍），即 $\left|F_{iS}\right| = -G_0/R_{iS}$；当 $R_{iS} \geqslant D_{iS}$ 时，Sink 节点对传感器 s_i 不产生虚拟力，即 $F_{iS} = \mathbf{0}$。因此，传感器 s_i 的合力 F_i 可以扩展为式（3-12），传感器 s_i 将会根据其合力 F_i 的大小及方向进行移动，传感器 s_i 在 t 时刻的加速度 a_i 的计算公式为 $a_i = F_i/C_i$。

$$F_i = F_{iS} + F_{ib} + \sum_{j=1, j \neq i}^{s} F_{ij} \tag{3-12}$$

式中，s 为传感器 s_i 的邻居传感器节点的数量。

3.2.4 本章主要符号表

本章主要的符号定义如表 3-1 所示。

表 3-1 第 3 章主要符号表

符号	符号解释	符号	符号解释
C_i	传感器 s_i 监测到的气体浓度	C_j	传感器 s_j 监测到的气体浓度
$C(x, y, z)$	在地理位置 (x, y, z) 处的气体浓度	C_s	气体的安全浓度
q	气体泄漏释放源释放速率	H	气体泄漏源的高度
v	气体泄漏源的风速	$\sigma_x, \sigma_y, \sigma_z$	x, y 和 z 方向的扩散参数
F	万有引力的大小	M_1, M_2	两个粒子的惯性质量
G	万有引力常数	R	两个粒子之间的欧氏距离

符号	符号解释	符号	符号解释
s_i	编号为 i 的传感器节点	s_j	编号为 j 的传感器节点
r_i	传感器 s_i 的感知半径	r_j	传感器 s_j 的感知半径
$r_{c,i}$	传感器节点 s_i 的通信半径	$r_{c,\text{Sink}}$	Sink 节点的通信半径
$\boldsymbol{F}_{ij}$	传感器 s_i，s_j 之间的虚拟力	$(\alpha_{ij}, \beta_{ij}, \gamma_{ij})$	虚拟力 $\boldsymbol{F}_{ij}$ 的方向向量
$\boldsymbol{F}_i$	传感器 s_i 受到的虚拟合力	$\boldsymbol{F}_{iS}$	传感器 s_i 与 Sink 间的虚拟力
G_0	虚拟引力常数	R_{iS}	传感器 s_i 与 Sink 间的欧氏距离
R_{ij}	传感器节点 s_i，s_j 间的欧氏距离	D_{ij}	传感器节点 s_i，s_j 间的距离阈值
$x=x_{b1}$	沿 x 方向的边界平面（$x=x_{b1}$）	$x=x_{b2}$	沿 x 方向的边界平面（$x=x_{b2}$）
$y=y_{b1}$	沿 y 方向的边界平面（$y=y_{b1}$）	$y=y_{b2}$	沿 y 方向的边界平面（$y=y_{b2}$）
$z=z_{b1}$	沿 z 方向的边界平面（$z=z_{b1}$）	$z=z_{b2}$	沿 z 方向的边界平面（$z=z_{b2}$）
$^x\boldsymbol{F}_{b1}$	x 方向的边界 $x=x_{b1}$ 对传感器 s_i 产生的虚拟边界力	$^x\boldsymbol{F}_{b2}$	x 方向的边界 $x=x_{b2}$ 对传感器 s_i 产生的虚拟边界力
$^xR_{b1}$	传感器 s_i 到 x 方向边界 $x=x_{b1}$ 的距离	$^xR_{b2}$	传感器 s_i 到 x 方向边界 $x=x_{b2}$ 的距离
$^y\boldsymbol{F}_{b1}$	y 方向边界 $y=y_{b1}$ 对传感器 s_i 产生的虚拟边界力	$^y\boldsymbol{F}_{b2}$	y 方向边界 $y=y_{b2}$ 对传感器 s_i 产生的虚拟边界力
$^yR_{b1}$	传感器 s_i 到 y 方向边界 $y=y_{b1}$ 的距离	$^yR_{b2}$	传感器 s_i 到 y 方向边界 $y=y_{b2}$ 的距离
$^z\boldsymbol{F}_{b1}$	z 方向边界 $z=z_{b1}$ 对传感器 s_i 产生的虚拟边界力	$^z\boldsymbol{F}_{b2}$	z 方向边界 $z=z_{b2}$ 对传感器 s_i 产生的虚拟边界力
$^zR_{b1}$	传感器 s_i 到 z 方向边界 $z=z_{b1}$ 的距离	$^zR_{b2}$	传感器 s_i 到 z 方向边界 $z=z_{b2}$ 的距离
$\boldsymbol{F}_{ib}$	x, y, z 方向边界对传感器 s_i 的虚拟合力	$\boldsymbol{a}_i$	传感器 s_i 在 t 时刻的加速度
F_{iS}	Sink 节点的邻居传感器节点 s_i 受到 Sink 节点的虚拟力	$(\alpha_{i,S}, \beta_{i,S}, \gamma_{i,S})$	虚拟力 $\boldsymbol{F}_{iS}$ 的方向向量
V	目标监测区域的大小	V_i	传感器 s_i 的三维感知范围
V_s	所有传感器感知范围的最大值	δ	WSNs 的最大可能覆盖率
ε_i	传感器节点 s_i 的剩余电量	ε_A	WSNs 的平均剩余电量
$r_{s,\text{Sink}}$	Sink 节点的虚拟感知半径	D_{iS}	Sink 节点和传感器 s_i 的距离阈值
$L_{\max,i}$	传感器 s_i 的最大移动长度	$L_{\text{Sum},i}$	传感器节点 s_i 的总移动距离
$L_{\max,S}$	Sink 节点的最大移动长度	$L_{\text{Sum},S}$	Sink 节点的总移动距离
$\varphi(m)$	监测区域 m 层的优先级函数	m	监测区域从低到高的层数
r_a	WSNs 中节点的平均感知半径	l_s	监测区域相邻层之间层间隔

符号	符号解释	符号	符号解释
z_{max}	传感器节点部署的最大高度	n	传感器节点部署的总数量
n_m	分配给 m 层的传感器数量	n'_m	第 m 层的实际传感器数量
^mA	第 m 层监测区域的大小	^mA_s	第 m 层所有传感器节点感知范围的最大值
^ms_i	第 m 层编号为 i 的传感器节点	^ms_j	第 m 层编号为 j 的传感器节点
$^mL_{max,i}$	第 m 层传感器 ^ms_i 最大移动长度	$^mL_{Sum,i}$	第 m 层传感器 ^ms_i 总移动距离
Δ_t	传感器网络的更新时间	l_{i,Δ_t}	传感器 s_i 在 Δ_t 内的移动距离
$(^mx_i, {}^my_i)$	第 m 层传感器 ^ms_i 的位置信息	$(^mx_j, {}^my_j)$	第 m 层传感器 ^ms_j 的位置信息
$^mR_{ij}$	第 m 层传感器 ^ms_i 和 ^ms_j 之间的欧氏距离	$^mD_{ij}$	第 m 层传感器 ^ms_i 和 ^ms_j 之间的距离阈值
^mC_i	第 m 层传感器 ^ms_i 监测到的气体浓度	^mC_j	第 m 层传感器 ^ms_j 监测到的气体浓度
$^mF_{ij}$	第 m 层传感器 ^ms_i，^ms_j 之间的虚拟万有引力	$^m\theta_{ij}$	虚拟万有引力 $^mF_{ij}$ 的方向参数
$^{m,x}F_{ib1}$	x 方向的边界 $x=x_{b1}$ 对第 m 层传感器节点 ^ms_i 产生的虚拟边界力	$^{m,x}F_{ib2}$	x 方向的边界 $x=x_{b2}$ 对第 m 层传感器节点 ^ms_i 产生的虚拟边界力
$^{m,x}R_{ib1}$	第 m 层传感器节点 ^ms_i 到 x 方向边界 $x=x_{b1}$ 的距离	$^{m,x}R_{ib2}$	第 m 层传感器节点 ^ms_i 到 x 方向边界 $x=x_{b2}$ 的距离
$^{m,y}F_{ib1}$	y 方向边界 $y=y_{b1}$ 对第 m 层传感器节点 ^ms_i 产生的虚拟边界力	$^{m,y}F_{ib2}$	y 方向边界 $y=y_{b2}$ 对第 m 层传感器节点 ^ms_i 产生的虚拟边界力
$^{m,y}R_{ib1}$	第 m 层传感器节点 ^ms_i 到 y 方向边界 $y=y_{b1}$ 的距离	$^{m,y}R_{ib2}$	第 m 层传感器节点 ^ms_i 到 y 方向边界 $y=y_{b2}$ 的距离
^mF_i	第 m 层传感器节点 ^ms_i 受到的合力	^ma_i	第 m 层传感器节点 ^ms_i 在 t 时刻的加速度
^mr_i	第 m 层传感器节点 ^ms_i 感知半径	^mr_j	第 m 层传感器节点 ^ms_j 感知半径
$^m\delta$	第 m 层的所有传感器节点的最大可能覆盖率	S_S	Sink 节点的邻居传感器节点集合
p	Sink 节点的邻居传感器节点数量	e_{elec}	电子设备发射或接收数据的能耗
ε_0	传感器节点的初始能量	ε_{fs}	无线天线放大器的能耗
ρ_S	Sink 节点的邻居传感器节点的能量密度	ρ_i	传感器节点 s_i 通信范围内的能量密度
$\varepsilon_{j,i}$	传感器节点 s_i 通信范围中传感器节点 s_j 的剩余电量	$\bar{\rho}$	WSNs 的平均能量密度
$F_{S,i}$	Sink 节点受到其邻居传感节点 s_i 的虚拟力	$(\alpha_{S,i}, \beta_{S,i}, \gamma_{S,i})$	Sink 节点受到的虚拟力 $F_{S,i}$ 的方向向量
F_S	Sink 节点所受的虚拟合力	n_i	传感器节点 s_i 通信范围内的传感器节点数量
a_S	Sink 节点在 t 时刻的加速度	$^ml_{i,\Delta_t}$	传感器 ^ms_i 在 Δ_t 内的移动距离

3.3   基于虚拟力的无线传感器网络 3D 自组织拓扑重构算法

上一节主要讨论了本章的假设与定义，以及气体扩散模型和虚拟力模型，本节主要讨论以虚拟力模型为基础设计的 3D 传感器网络自组织拓扑重构算法。首先，将气体浓度引入到虚拟力模型中，并考虑监测区域边界对传感器节点产生的虚拟边界力。然后，为了延长网络生存时间，避免在 Sink 节点附近产生能量空洞，当 Sink 节点的邻居传感器节点能量低于平均剩余电量时 Sink 节点对传感器 s_i 产生虚拟斥力。最后，传感器节点通过计算所受虚拟力的合力进行移动，从而实现传感器网络的拓扑重构。

3.3.1   距离阈值设置

为了避免传感器节点由于距离过远或过近而不能实现较高的覆盖率，本书设置了距离阈值用于控制两个传感器之间感知范围的重叠度，使传感器节点感知范围的重叠处于合理水平。本书根据文献[66]将传感器节点的密度作为距离阈值取值的依据。假设目标监测区域的大小为 V，传感器 s_i 的感知半径为 r_i，定义传感器 s_i 的三维感知范围 V_i 是一感知半径为 r_i 的球，则 $V_i = 4\pi r_i^3 / 3$。监测区域传感器节点数量为 n，所有传感器感知范围的最大值为 V_s，其中 $V_s = \sum_{i=1}^{n} V_i$。设置传感器网络的最大可能覆盖率为 δ，其中 $\delta = V_s / V$。

图 3-2 是任意两个相邻传感器节点 s_i，s_j 之间的两种距离阈值设定情况。图 3-2（a）中，当 $\delta \leqslant 1$ 时，传感器节点不足以覆盖整个目标区域。图 3-2（b）中，当 $\delta > 1$ 时，传感器节点能够覆盖整个目标区域，并允许一定的感知范围重叠。距离阈值的设定如式（3-13）所示。

$$D_{ij} = \begin{cases} r_i + r_j & \delta \leqslant 1 \\ (r_i + r_j) / \delta & \delta > 1 \end{cases} \tag{3-13}$$

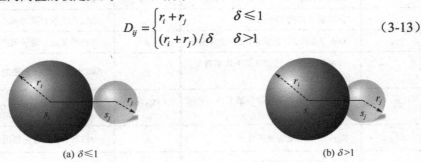

(a) $\delta \leqslant 1$ (b) $\delta > 1$

图 3-2   相邻传感器节点 s_i，s_j 之间距离阈值 D_{ij}

3.3.2 固定 Sink 节点的处理

在无线传感器网络中，Sink 节点用于收集传感器感知的信息。传感器节点采集的数据通过一跳或多跳方式发送到 Sink 节点。Sink 节点附近的传感器不仅传输自己采集的数据，还要中继转发其他节点的数据，因此在 Sink 节点附近的传感器节点相比远离 Sink 节点的传感器节点要发送更多的数据包，所以无线传感器网络在 Sink 节点附近容易产生能量空洞。为了延长网络生存时间，避免这种能量空洞现象，本小节针对固定 Sink 节点，采用虚拟感知半径方法对 WSNs 中的节点进行能量负载均衡。Sink 节点本身不能感知气体浓度，而是采用虚拟的感知半径来控制其邻居传感器节点的移动。

传感器节点 s_i 的剩余电量为 ε_i，通信半径为 $r_{c,i}$。当传感器节点发送采集的数据时需要发送它们的剩余电量 ε_i。Sink 节点根据收到的整个传感器网络的剩余电量计算平均剩余电量 ε_A，这里 $\varepsilon_A = \left(\sum\limits_{i=1}^{n} \varepsilon_i \right) / n$。当 Sink 节点的邻居传感器节点 s_i 的能量 ε_i 低于平均剩余电量 ε_A 时，Sink 节点会设置虚拟感知半径，使该邻居传感器节点 s_i 远离自己。图 3-3（a）是传感器网络稳定时传感器节点 s_i 受力情况，此时其所受来自传感器节点 s_j、s_k 和 Sink 节点合力为零。图 3-3（b）是 Sink 节点设置虚拟感知半径的情况下传感器节点 s_i 的受力情况，此时打破了传感器节点 s_i 的受力平衡。Sink 节点设置虚拟感知半径 $r_{s,Sink}$ 使 Sink 节点和传感器节点 s_i 的距离阈值变为 $D_{iS}=\delta (r_i+r_{s,Sink})$，而此时传感器与 Sink 节点的欧氏距离为 R_{iS}，且 $R_{iS}<D_{iS}$，因此 Sink 节点会对传感器节点 s_i 产生斥力，使传感器节点 s_i 远离自己。在该模型中，虚拟感知半径只应用于 Sink 节点的邻居传感器节点，且设置为 $r_{s,Sink}=r_i$。

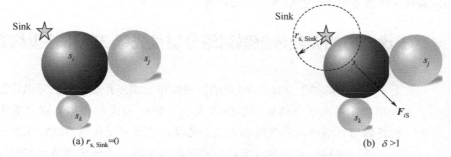

(a) $r_{s,Sink}=0$ (b) $\delta>1$

图 3-3　Sink 节点设置虚拟感知半径时传感器节点 s_i 的受力情况

3.3.3 GRSS 算法

基于虚拟力 3D 传感器网络自组织拓扑重构算法（GRSS）的描述如算法 3-1 所示。

算法 3-1 基于虚拟力 3D 传感器网络自组织拓扑重构算法（GRSS）

1: Initialize $L_{Sum,i}=0$, $r_{s,Sink}=0$
2: while $(L_{Sum,i}<L_{max,i})$ do
3:    if $(\varepsilon_{i,Sink}\leqslant\varepsilon_A)$ then
4:       Sink 节点设置 $r_{s,Sink}=r_i$ 并通知其相邻传感器节点
5:    end if
6:    for 每个传感器节点 $s_i\in S=\{s_1, s_2, \cdots, s_n\}$ do
7:       计算 F_i，l_{i,Δ_t}
8:    end for
9:       if $(F_i\neq 0)$ then
10:          传感器节点 s_i 移动至下一位置
11:       end if
12:       传感器节点 s_i 更新其总移动距离 $L_{Sum,i}$
13: end while

为了减少传感器节点在移动中的能耗，设置了最大移动长度 $L_{max,i}$ 来限制传感器节点 s_i 的移动。首先，每个传感器节点根据自身位置和更新时间 Δ_t 计算 F_i 和移动距离 $l_{i,\Delta_t}=a_i\Delta_t^2/2$。其中，更新时间 Δ_t 是传感器节点计算本次虚拟力后距离下一次计算虚拟力的间隔时间，因此传感器节点 s_i 能够在 t 时刻计算其移动距离及其总移动距离 $L_{Sum,i}$。然后，当 $F_i\neq 0$ 时传感器节点会移动至下一位置。最后，如果 $\varepsilon_{i,Sink}\leqslant\varepsilon_A$，Sink 节点会设置 $r_{s,Sink}=r_i$ 并通知其邻居传感器节点，其邻居传感器节点 s_i 会根据自身受力情况移动至下一位置。

3.4 基于虚拟力的无线传感器网络分层优先级 3D 拓扑重构算法

上一节讨论的基于虚拟的 3D 传感器网络自组织拓扑重构算法是以虚拟万有引力为模型，考虑了气体监测的浓度大小、Sink 节点的虚拟半径及虚拟边界力，传感器节点最终以所受的合力进行移动，实现移动传感器网络拓扑重构，该方法适合区域较小且传感器节点相对充足的情况。当传感器节点相对较少而气体监测区域较大时，该方法会使传感器节点相对集中于浓度较高的泄漏源

点，其他重要监测区域传感器节点分布较少。针对这一问题，本节提出一种基于虚拟力的分层优先级 3D 传感器网络拓扑重构算法，首先将监测区域进行分层，并根据分层区域重要程度划分优先级，然后根据优先级将传感器节点分配到各层，则传感器网络的 3D 拓扑重构转换为多个 2D 的拓扑重构，最后各层中的移动传感器采用 2D 的虚拟力模型计算其所受虚拟力的合力，并根据所受合力进行移动从而完成拓扑重构。

3.4.1　分层优先级

本小节将监测区域分为多层，则移动传感器网络的 3D 拓扑重构问题可转换为多个 2D 的拓扑重构，监测区域的分层结构如图 3-4 所示。

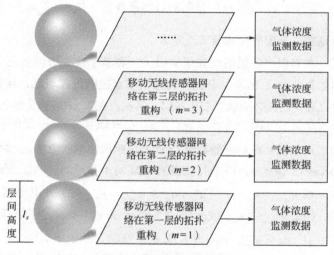

图 3-4　监测区域的分层结构

监测区域的各层根据高度的不同及距离泄漏源的远近有着不同的优先级，优先级的计算见式（3-14）。（式中的"⌈　⌉"为向上取整符号。）

$$\varphi(m)=\begin{cases}1 & m=\lceil H/l_s \rceil \\ e^{-\left|m-\lceil H/l_s \rceil\right|} & 其他\end{cases} \tag{3-14}$$

式中，$\varphi(m)$ 为第 m 层监测区域的优先级函数；m 为监测区域从低到高的层数，且 $m=[z_{max}/2r_a]$（z_{max} 是传感器节点部署的最大高度，r_a 是传感器网络中节点的平均感知半径，且 $r_a=\sum_{i=1}^{n}r_i / n$）；$l_s$ 为监测区域相邻层之间层间隔，且

$l_s = z_{max}/m = z_{max}/\lceil z_{max}/2r_a \rceil$。气体泄漏源的位置可以通过一种基于扩散的并行和连续投影的定位方法[142]解决并获取其高度 H，由于对气体泄漏源的监测非常重要，因此在本书中气体泄漏源所在层的优先级在式（3-14）中设为最高，等于 1。

3.4.2 传感器节点的分配

当监测区域较大时，传感器节点并不总是可以覆盖所有的监测区域，此时应根据各层的重要程度（即优先级）进行传感器节点的分配。各层传感器节点数量的分配如式（3-15）所示。

$$n_m = \left\lceil n \times \varphi(m) \middle/ \sum_{m=1}^{n} \varphi(m) \right\rceil \tag{3-15}$$

式中，n_m 为第 m 层分配的传感器数量，且 $n = \sum_{m=1}^{m} n_m$。监测区域中层的优先级越高，分配的传感器节点越多。

本书根据各层的优先级提出了一种基于优先级的各层传感器分配算法，具体如算法 3-2 所示。首先，传感器节点被随机部署后，相邻传感器节点之间先建立通信连接并确认它们所在层。其次，在第 m 层的传感器根据式（3-15）计算其所在层应分配的传感器节点数量 n_m 并统计在第 m 层的实际传感器数量 n'_m。当第 m 层的实际传感器数量 n'_m 比要分配的传感器数量 n_m 多时，即 $n'_{m-1} \leqslant n_{m-1}$ 且 $[\varphi(m-1) > \varphi(m+1)]$ 时，则选择离第 $m-1$ 层近的 $n'_m - n_m$（当 $n'_m - n_m \leqslant n'_{m-1} - n_{m-1}$ 时）或 $n'_{m-1} - n_{m-1}$（当 $n'_m - n_m > n'_{m-1} - n_{m-1}$ 时）个传感器节点移动至第 $m-1$ 层；如果 $n'_{m-1} \geqslant n_{m-1}$ 或 $\varphi(m-1) < \varphi(m+1)$，则选择离第 $m+1$ 层近的 $n'_m - n_m$（当 $n'_m - n_m \leqslant n'_{m+1} - n_{m+1}$ 时）或 $n'_{m+1} - n_{m+1}$（当 $n'_m - n_m > n'_{m+1} - n_{m+1}$ 时）个传感器节点移动至第 $m+1$ 层。当第 m 层的实际传感器数量 n'_m 比要分配的传感器数量 n_m 少时，这些传感器节点将会等待其临近层（$m-1$ 层或 $m+1$ 层）的传感器节点移动至第 m 层。

算法 3-2　基于优先级的各层传感器分配算法（PSDL）

1: Initialize $n'_m = 0$，$n_m = 0$
2: 在 m 层的每个传感器节点计算 n_m
3: 在 m 层的每个传感器节点统计 n'_m
4: while （$n'_m \neq n_m$） do
5: 　　 if （$n'_m > n_m$） then

6:     if （n'_{m-1} ≤n_{m-1}&&φ（m-1）>φ（m+1）） then

7:       if （（n'_m-n_m） ≤ （n'_{m-1}-n_{m-1}）） then

8:         选择离第 m-1 层近的 n'_m-n_m 个传感器节点

9:         选择的 n'_m-n_m 个传感器节点移动至第 m-1 层

10:       end if

11:       选择离第 m-1 层近的 n'_{m-1}-n_{m-1} 个传感器节点

12:       选择的 n'_{m-1}-n_{m-1} 个传感器节点移动至第 m-1 层

13:     end if

14:     if （n'_{m+1} ≤n_{m+1}） then

15:       if （（n'_m-n_m） ≤ （n'_{m+1}-n_{m+1}）） then

16:         选择离第 m+1 层近的 n'_m-n_m 个传感器节点

17:         选择的 n'_m-n_m 个传感器节点移动至第 m+1 层

18:       end if

19:       选择离第 m+1 层近的 n'_{m+1}-n_{m+1} 个传感器节点

20:       选择的 n'_{m+1}-n_{m+1} 个传感器节点移动至第 m+1 层

21:     end if

22:   end if

23:     每个传感器节点 s_i 更新其所在层的实际传感器数量 n'_m

24: end while

3.4.3 各层传感器的虚拟力模型

在本模型中，处在同一层的传感器节点之间才会产生虚拟万有引力。假设第 m 层监测区域中有 s 个传感器节点（表示为 $^ms_1$, $^ms_2$, …, ^ms_s），任意两个相邻的传感器节点 ^ms_i, ^ms_j，其位置坐标信息分别为（^mx_i,^my_i），（^mx_j,^my_j），它们之间的欧氏距离为 $^mR_{ij}$=[（^mx_i-^mx_j）^{2}+（^my_i-^my_j）^{2}]$^{1/2}$。第 m 层监测区域中为了避免传感器节点之间相距过远或过近，考虑了第 m 层的距离阈值 $^mD_{ij}$，当 $^mR_{ij}$<$^mD_{ij}$ 时，传感器 ^ms_i, ^ms_j 之间会产生斥力。因此，传感器 ^ms_i, ^ms_j 之间虚拟的万有引力 $^mF_{ij}$ 见式（3-16）。

$$^mF_{ij}=\begin{cases} \left(G_0\dfrac{^mC_i\,^mC_j}{^mR_{ij}},\ ^m\theta_{ij}\right) & ^mR_{ij}>^mD_{ij} \\[2mm] \mathbf{0} & ^mR_{ij}=^mD_{ij} \\[2mm] \left(-G_0\dfrac{^mC_i\,^mC_j}{^mR_{ij}},\ ^m\theta_{ij}+\pi\right) & ^mR_{ij}<^mD_{ij} \end{cases} \qquad (3\text{-}16)$$

式中，^mC_i 和 ^mC_j 分别为传感器 ^ms_i、^ms_j 监测到的气体浓度；G_0 为虚拟引力常数；$^m\theta_{ij}$ 为力 $^mF_{ij}$ 的方向参数。$^m\theta_{ij}$ 可以通过式（3-17）进行计算。

$$^m\theta_{ij} = \tan^{-1}\frac{^my_i - {}^my_j}{^mx_i - {}^mx_j} \tag{3-17}$$

在图 3-5 中，传感器节点 ^ms_j、^ms_l 和 ^ms_k 对节点 ^ms_i 的虚拟力分别为 $^mF_{ij}$、$^mF_{il}$ 和 $^mF_{ik}$，且 $^mF_{il} = 0$，也就是说 ^ms_l 对节点 ^ms_i 没有产生力。同样地，这里也考虑了虚拟边界力，沿着传感器节点位置，x，y 方向的边界分别由 $x=x_{b1}$，$x=x_{b2}$，$y=y_{b1}$，$y=y_{b2}$ 组成。因此，传感器节点 ^ms_i 在边界 x，y 方向分别受到两个虚拟边界力，分别是 $^{m,x}F_{ib1}$、$^{m,x}F_{ib2}$，$^{m,y}F_{ib1}$、$^{m,y}F_{ib2}$。沿着第 m 层的传感器节点 ^ms_i 的位置到 x，y 方向的边界距离分别是 $^{m,x}R_{ib1}$、$^{m,x}R_{ib2}$、$^{m,y}R_{ib1}$、$^{m,y}R_{ib2}$，它们分别可以通过 $^{m,x}R_{ib1} = \left|{}^mx_i - x_{ib1}\right|$、$^{m,x}R_{ib2} = \left|{}^mx_i - x_{ib2}\right|$，$^{m,y}R_{ib1} = \left|{}^my_i - y_{ib1}\right|$、$^{m,y}R_{ib2} = \left|{}^my_i - y_{ib2}\right|$ 求出。$^mF_{ib}$ 是传感器节点 ^ms_i 在边界 x，y 方向受到的虚拟边界力的合力，且 $^mF_{ib} = {}^{m,x}F_{ib1} + {}^{m,x}F_{ib2} + {}^{m,y}F_{ib1} + {}^{m,y}F_{ib2}$，其中，$\left|{}^{m,x}F_{ib1}\right| = G_0 / {}^{m,x}R_{ib1}$，$\left|{}^{m,x}F_{ib2}\right| = G_0 / {}^{m,x}R_{ib2}$，$\left|{}^{m,y}F_{ib1}\right| = G_0 / {}^{m,y}R_{ib1}$，$\left|{}^{m,y}F_{ib2}\right| = G_0 / {}^{m,y}R_{ib2}$。第 m 层传感器节点 ^ms_i 的合力 ^mF_i 可以扩展为式（3-18）。

$$^mF_i = {}^mF_{ib} + \sum_{j=1, j\neq i}^{s} {}^mF_{ij} \tag{3-18}$$

第 m 层传感器节点 ^ms_i 将会根据合力 ^mF_i 移动至下一位置，$^m\theta_i$ 是传感器节点 ^ms_i 的合力 ^mF_i 的方向参数。传感器节点 ^ms_i 在 t 时刻的加速度为 $^ma_{i,t} = {}^mF_i / {}^mC_i$。

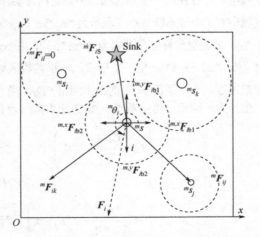

图 3-5　第 m 层监测区域传感器节点 ^ms_i 的受力情况

3.4.4　各层的距离阈值设置

与 3.3.1 节类似，这里每层的距离阈值也取决于传感器节点的密度。假设第 m 层监测区域的大小为 ^mA，所有传感器感知范围的最大值为 ^mA_S，且 $^mA_S = \sum_{i=1}^{n_m} \pi(^mr_i)^2$，其中 ^mr_i 是第 m 层传感器节点 ^ms_i 的感知半径。设置传感器的节点最大可能覆盖率为 $^m\delta$，其中 $^m\delta = {}^mA_S/{}^mA$。当 $^m\delta \leqslant 1$ 时，第 m 层传感器节点的感知范围不足以覆盖整个第 m 层区域，为了最大化覆盖率，则传感器之间的感知范围不允许有重叠度。当 $^m\delta > 1$ 时，第 m 层传感器节点的感知范围能够覆盖整个第 m 层区域，并允许一定的感知范围重叠。图 3-6 是第 m 层监测区域任意两个相邻传感器节点 ^ms_i、^ms_j 之间的两种距离阈值设定情况。图 3-6（a）说明传感器节点的感知范围不足以覆盖整个区域（$^m\delta \leqslant 1$），且 $^mD_{ij} = {}^mr_i + {}^mr_j$。图 3-6（b）说明传感器节点的感知范围能够覆盖整个区域，并允许一定的感知范围重叠（$^m\delta > 1$），且 $^mD_{ij} = (^mr_i + {}^mr_j)/{}^m\delta$。

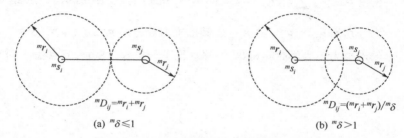

(a) $^m\delta \leqslant 1$　　　　　　　　(b) $^m\delta > 1$

图 3-6　第 m 层监测区域的距离阈值 $^mD_{ij}$ 设置

3.4.5　移动 Sink 节点的处理

在 GRSS 算法中处理固定 Sink 的目标是减少能量空洞现象。然而，采用设置 Sink 节点虚拟感知半径的方法时，传感器节点不能覆盖 Sink 附近范围，且固定 Sink 节点限制了延长网络生存时间的能力。为了进一步延长网络生存时间，避免能量空洞现象，提出了一种基于能量密度的 Sink 节点移动方法。假设 p 为 Sink 节点的邻居传感器节点数量，Sink 节点的邻居传感器节点集合为 $S_S = \{s_1, s_2, \cdots, s_p\}$，Sink 节点的能量密度计算见式（3-19）。

$$\rho_S = 3\left(\sum_{i=1}^{p} \varepsilon_i\right) \Big/ 4\pi r_{c,Sink}^3 \tag{3-19}$$

式中，ρ_S 为 Sink 节点邻居传感器节点的能量密度；ε_i 为 Sink 节点邻居传感器节点 s_i 的剩余电量；$r_{c,Sink}$ 是 Sink 节点的通信半径。传感器节点的能量密度计算见式（3-20）。

$$\rho_i = 3\left(\varepsilon_i + \sum_{j=1}^{n_i} \varepsilon_{j,i}\right)\bigg/ 4\pi r_{c,i}^3 \tag{3-20}$$

式中，ρ_i 为传感器节点 s_i 通信范围内的能量密度；n_i 为传感器节点 s_i 通信范围内的传感器节点数量；$\varepsilon_{j,i}$ 为在传感器节点 s_i 通信范围中传感器节点 s_j 的剩余电量；$r_{c,i}$ 是传感器节点 s_i 的通信半径。Sink 节点的邻居传感器节点发送其采集的数据时会发送 ρ_i 到 Sink 节点。Sink 节点受到其邻居传感器节点 s_i 的力 $\boldsymbol{F}_{s,i}$ 计算见式（3-21）。

$$\boldsymbol{F}_{s,i} = \begin{cases} \left(G_0\,\rho_i/R_{s,i}, \alpha_{s,i}, \beta_{s,i}, \gamma_{s,i}\right) & \rho_s < \overline{\rho} \text{ 或 } \rho_s < \rho_i \\ 0 & \rho_s \geqslant \rho_i \end{cases} \tag{3-21}$$

式中，$\alpha_{s,i}$，$\beta_{s,i}$ 和 $\gamma_{s,i}$ 为 Sink 节点受到的虚拟力 $\boldsymbol{F}_{s,i}$ 的方向参数。平均能量密度 $\overline{\rho} = \sum_{m=1}^{m}\left(\sum_{i=1}^{n_m} \rho_i/n_m\right)$。图 3-7 中，Sink 节点受到传感器节点 s_i，s_j 和 s_k 的虚拟力分别为 $\boldsymbol{F}_{s,i}$，$\boldsymbol{F}_{s,j}$ 和 $\boldsymbol{F}_{s,k}$，其虚拟力合力为 $\boldsymbol{F}_s = \boldsymbol{F}_{s,i} + \boldsymbol{F}_{s,j} + \boldsymbol{F}_{s,k}$。当 Sink 节点的虚拟力不为零时会根据 $\boldsymbol{F}_s$ 移动至下一位置。Sink 节点在 t 时刻的加速度为 $\boldsymbol{a}_{s,t} = \boldsymbol{F}_s/\varepsilon_i$。

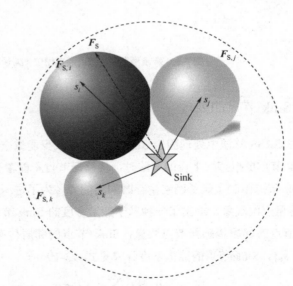

图 3-7　Sink 节点的受力情况

3.4.6 PRSS 算法

基于虚拟力的分层优先级 3D 拓扑重构算法（PRSS）描述见算法 3-3。为了减少传感器节点的移动能耗，设置了最大移动长度 $^mL_{max,i}$ 来限制传感器的移动。首先，传感器节点随机分布在 3D 监测区域中，并根据算法 3-2 进行传感器节点分配。如果在第 m 层的实际传感器节点数量 n'_m 低于或高于 n_m，其相邻的层将会移动至第 m 层或多余传感器节点移动至其相邻的层。然后，各层的传感器节点根据自身位置和更新时间 Δ_t 计算 ^mF_i、F_S 及移动距离 $^ml_{i,\Delta_t}=^m a_i\Delta_t^2/2$，且传感器节点 s_i 在 t 时刻能够计算总的移动距离 $^mL_{Sum,i}$。最后，当 $^mF_i\neq 0$ 时传感器节点会移动至下一位置，且当 $^mL_{Sum,i}\geqslant^mL_{max,i}$ 时，传感器拓扑重构结束。$L_{max,S}$ 为限制 Sink 节点移动的最大移动长度。Sink 节点能够根据每个更新时间 Δ_t 的位置计算 $L_{Sum,S}$，当 $L_{Sum,S}\geqslant L_{max,S}$ 时，Sink 节点的移动结束。

算法 3-3　基于虚拟力的分层优先级 3D 拓扑重构算法（PRSS）

1: Initialize $^mL_{Sum,i}$=0, $r_{s,Sink}$=0, $L_{Sum,S}$=0
2: while ($^mL_{Sum,i}<^mL_{max,i}$)||($L_{Sum,S}<L_{max,S}$) do
3:　　　for (Sink 节点和传感器节点 $^ms_i\in{}^mS=\{^ms_1,\ ^ms_2,\ \cdots,\ ^ms_s\}$)do
4:　　　　　Sink 节点和传感器节点 ^ms_i 分别计算 ^mF_i，F_S
5:　　end for
6:　　　　if ($^mF_i\neq 0$) then
7:　　　　　　传感器节点 ^ms_i 移动至下一位置
8:　　　　end if
9:　　　　传感器节点 ^ms_i 更新其总移动距离 $^mL_{Sum,i}$
10:　　　　if ($F_S\neq 0$) then
11:　　　　　　Sink 节点移动至下一位置
12:　　　　end if
13:　　　　Sink 节点更新其总移动距离 $L_{Sum,S}$
14: end while

GRSS 和 PRSS 算法之间的不同是 PRSS 算法在完成传感器节点分配后不允许各层之间的移动。这种方法能够保证优先级高的层有足够的传感器进行监测。PRSS 算法适合应用在监测区域大且传感器节点数量不足以覆盖整个区域的场景，而 GRSS 算法适合应用于监测区域较小而传感器节点较多的情况下。

下一节将对本章提出的两种基于虚拟力的 3D 拓扑重构算法进行仿真验证和分析。

3.5 实验分析

本章采用 Matlab 构建仿真场景，验证 GRSS 和 PRSS 算法的性能。初始时，在一个 100m×100m×100m 的 3D 区域内随机部署传感器节点，然后分别运行三维自组织部署算法 3DSD[129]（3D Self-deployment Algorithm）、GRSS 和 PRSS 算法，并从覆盖率、移动距离、网络生存时间及能耗方面验证算法的有效性。其中，3DSD 算法使用 3D 虚拟力模型控制节点的移动，并在监测区域中采用密度控制策略平衡节点分布，从而实现移动传感器网络拓扑重构。GRSS 算法将气体浓度引入到虚拟力模型中，考虑了传感器节点受到的虚拟边界力，最终传感器节点根据所受虚拟力的合力进行移动，从而实现移动传感器网络拓扑重构。PRSS 算法是在 GRSS 算法的基础上针对传感器节点较少而覆盖区域较大的场景中存在的重点区域覆盖不理想的问题，将监测区域划分为多个层，并根据各层的优先级重新分配传感器数量，然后各层中的移动传感器采用虚拟力模型进行移动，完成拓扑重构。在仿真中只有一个 Sink 节点采集数据，传感器节点之间通信采用 ZigBee 802.15.4 协议。传感器节点的通信半径 $r_{c,i}$=30 m，感知半径 r_i=15 m，数据传输速率为 $r_{t,i}$=128 kbit/s，传感器的初始能量为 ε_0=1000 J，通信能耗设置为 e_{elec}=50 nJ/bit，ε_{fs}=10 pJ/bit。传感器节点单位时间（1s）采集的数据大小为 128 bit，数据包的长度为 256 bit。具体的仿真参数如表 3-2 所示。

表 3-2　3D 拓扑重构算法仿真参数

标识	参数名称	数值
$r_{t,i}$	数据传输速率	128 kbit/s
r_i	感知半径	15 m
$r_{s,Sink}$	Sink 的虚拟感知半径	15 m
$r_{c,i}$	通信半径	30 m
$L_{max,i}$	传感器节点最大移动长度	1000 m
$L_{max,S}$	Sink 节点最大移动长度	1000 m
e_{elec}	电子设备发射或接收数据的能耗	50 nJ/bit
ε_{fs}	无线天线放大器能耗	10 pJ/bit
ε_0	传感器初始能量	1000 J
G_0	虚拟力常数	10.0
C_s	气体安全浓度	10^{-9} kg/m^3

3.5.1 气体扩散仿真分析

根据前述高斯烟羽模型，气体扩散的仿真如图 3-8 所示。泄漏源的位置为坐标原点，x 轴表示顺风距离，y 轴表示侧风距离，z 轴表示气体扩散浓度。泄漏源的高度设置为 $H=80.0\mathrm{m}$，泄漏源强度（释放速度）为 $q=30.0\mathrm{mg/s}$，风速 $v=1.0\ \mathrm{m/s}$，水平扩散系数为 $\gamma_1=0.1107$，$\alpha_1=0.9500$，垂直扩散系数为 $\gamma_2=0.1046$，$\alpha_2=0.9200$。本书在不同高度进行气体扩散仿真，在不同高度的表面上选择大量的点，以获得相应的浓度。

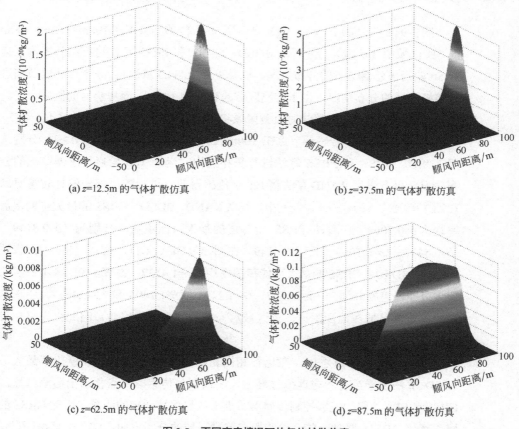

(a) $z=12.5\mathrm{m}$ 的气体扩散仿真　　(b) $z=37.5\mathrm{m}$ 的气体扩散仿真

(c) $z=62.5\mathrm{m}$ 的气体扩散仿真　　(d) $z=87.5\mathrm{m}$ 的气体扩散仿真

图3-8　不同高度情况下的气体扩散仿真

图3-8（a）中，在高度 12.5m 时气体浓度最低，这是由于高度 12.5m 的水平面距离泄漏源较远，且气体浓度较高的地方位于顺风方向的边界区域。在高度为 37.5m 时，如图 3-8（b）所示，气体浓度分布与图 3-8（a）类似，但是比高度 12.5m 的气体浓度高出约 11 个数量级，这是由于高度 37.5m 的监测区域更接近

泄漏源。而在图 3-8（c）中，高度 62.5m 的监测区域比高度 12.5m 和 37.5m 的监测区域更加接近泄漏源，因此其气体扩散浓度也分别高出约 17 个和 6 个数量级。图 3-8（d）表明高度 87.5m 的监测区域其气体扩散浓度最大。气体扩散模拟表明，不同高度的气体浓度差异很大，即使同一高度，不同水平区域的气体浓度也有较大差异。因此，在气体监测中传感器进行拓扑重构时很有必要考虑气体浓度和监测区域的优先级。

3.5.2 覆盖率仿真分析

图 3-9（a）、（c）、（e）、（g）显示了 50 个传感器节点在 100m×100m×100m 的 3D 区域中（$\delta<1$）分别采用 3DSD、GRSS 和 PRSS 算法进行拓扑重构，运行 50 轮后传感器节点的分布情况，以及采用 RAND 算法将 50 个传感器节点进行随机部署的分布情况。由于监测区域的高度为 100m，而传感器的监测半径为 15m，因此采用 PRSS 算法时监测区域将被分为四层。图 3-9（b）、（d）、（f）、（h）显示了 100 个传感器节点在 100m×100m×100m 的区域中（$\delta>1$）分别采用 3DSD、GRSS 和 PRSS 算法进行拓扑重构，运行 100 轮后传感器节点的分布情况，以及采用 RAND 算法将 100 个传感器节点进行随机部署的分布情况。在图 3-9（a）、（c）、（e）、（g）中，算法 RAND、3DSD、GRSS 的最大可能覆盖率均为 $\delta=0.7069$，在算法 PRSS 中每层的最大可能覆盖率分别为 $^{1}\delta=0.8149$、$^{2}\delta=0.5432$、$^{3}\delta=0.7069$ 和 $^{4}\delta=0.8149$。在图 3-9（b）、（d）、（f）、（h）中，算法 RAND、3DSD、GRSS 的最大可能覆盖率均为 $\delta=1.4137$，在算法 PRSS 中每层的最大可能覆盖率分别为 $^{1}\delta=1.4667$、$^{2}\delta=1.2494$、$^{3}\delta=1.2494$ 和 $^{4}\delta=1.4667$。由于第一层的监测区域在地面附近，该区域对人类的安全非常重要，因此优先级也设为最高值，即为 1。

从图 3-9 中可以看出，在运行相同轮次情况下 PRSS 感知覆盖率最大。3DSD 算法由于没有考虑虚拟边界力，所以部分传感器节点移动出监测区域。GRSS 考虑了边界力能够控制传感器节点与边界保持一定的距离，因此 GRSS 的覆盖率比 3DSD 要高一些。传感器在监测区域的分布方面，GRSS 算法[图 3-9（e）和图 3-9（f）]与 3DSD 算法[图 3-9（c）和图 3-9（d）]相对集中，这是由于 GRSS 算法考虑了气体的扩散浓度，使传感器在监测区域中朝着气体浓度较高的方向移动。PRSS 算法将监测区域分层，使一部分传感器的感知范围超出了监测区域，从而使 PRSS[图 3-9（g）]算法的覆盖率小于 GRSS[图 3-9（e）]。虽然

PRSS 算法分层的结构使部分传感器的感知范围超出监测区域，但是分层简化了拓扑重构问题，拓扑重构时只需考虑每层的传感器数量，因此传感器网络的拓扑在轮次较少的情况下获得较高的覆盖率。在传感器数量增加的情况下，这种情况会相对明显，如图 3-9（g）所示，PRSS 算法在 100 轮次情况下其覆盖率比 RAND、3DSD 和 GRSS 算法都高。

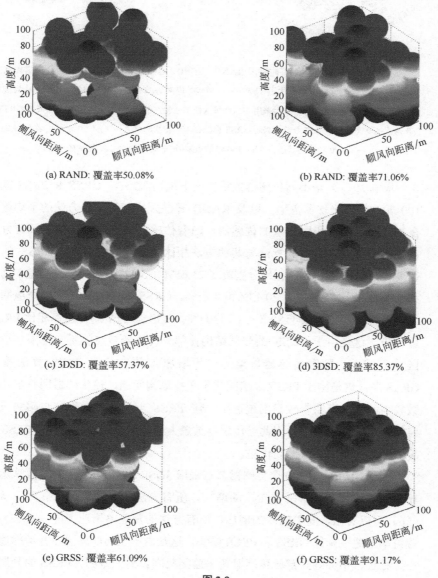

(a) RAND: 覆盖率50.08%

(b) RAND: 覆盖率71.06%

(c) 3DSD: 覆盖率57.37%

(d) 3DSD: 覆盖率85.37%

(e) GRSS: 覆盖率61.09%

(f) GRSS: 覆盖率91.17%

图 3-9

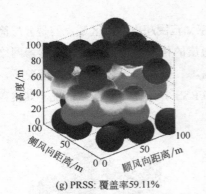
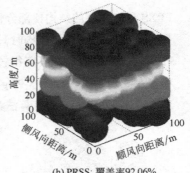

(g) PRSS: 覆盖率59.11%　　　　　　　　　　　(h) PRSS: 覆盖率92.06%

图3-9　在不同初始配置时采用 RAND、3DSD、GRSS 和 PRSS 算法的拓扑重构状态

[（a）50 个节点采用 RAND 算法；（b）100 个节点采用 RAND 算法；（c）50 个节点采用 3DSD 算法在
50 轮次的状态；（d）100 个节点采用 3DSD 算法在 100 轮次的状态；（e）50 个节点采用 GRSS 算法在
50 轮次的状态；（f）100 个节点采用 GRSS 算法在 100 轮次的状态；（g）50 个节点采用 PRSS 算法在
50 轮次的状态；（h）100 个节点采用 PRSS 算法在 100 轮次的状态]

　　图 3-10（a）是不同传感器数量情况下采用 3DSD、GRSS 和 PRSS 算法运行
100 轮次后的平均覆盖率，以及 RAND 算法采用随机部署方法的平均覆盖率。
在相同区域部署相同数量的传感器，随着传感器节点数量增加，所有方法的覆
盖率都会提高，提出的算法与其他方法相比有较高的覆盖率。GRSS 的平均覆
盖率与 RAND 和 3DSD 相比分别高了 21.65%和5.92%。PRSS 的覆盖率与 RAND
和 3DSD 相比分别高了 20.47%和4.81%。GRSS 和 PRSS 的平均覆盖率相差不
大。当传感器数量低于 80（δ=1.1310）时，GRSS 的平均覆盖率相比 PRSS 有微
弱优势，这是由于 PRSS 的分层结构使部分传感器节点的感知范围超出了监测
区域。然而，随着传感器数量进一步增加（δ增加），PRSS 算法覆盖率比
GRSS 高。这是由于 PRSS 算法简化了拓扑重构问题，使传感器网络的拓扑在轮
数较少的情况下获得较高的覆盖率，使 PRSS 算法中传感器节点感知范围超出
监测区域的影响减小，因此当传感器数量大于 80（δ=1.1310）时，PRSS 的平均
覆盖率相比 GRSS 有微弱优势。

　　图 3-10（b）是 100 个传感器节点采用 3DSD、GRSS 和 PRSS 算法运行不同
轮次的平均覆盖率，随着轮次的增加，所有方法的覆盖率都会提高。从图 3-10
（b）可以看出，随着轮次的增加，所有方法的覆盖率增速下降，3DSD 算法的
覆盖率增速下降比 GRSS 和 PRSS 要快。这是由于 3DSD 算法没有考虑边界力，
在运行过程中会导致部分传感器超出监测范围。另一方面，PRSS 的分层结构，

在仿真中使 3D 的拓扑重构转换为 4 个 2D 的拓扑重构，与 GRSS 相比能够较快地达到较高的覆盖率。从图 3-10（b）还可以看出所有算法在 60 轮次后覆盖率增加缓慢，说明此时传感器网络的覆盖率进入一个相对稳定的状态。

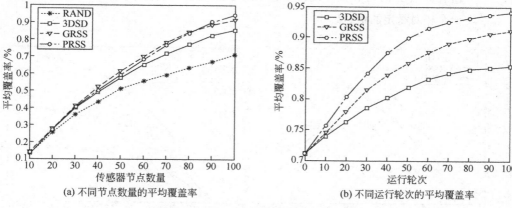

(a) 不同节点数量的平均覆盖率　　　　　　(b) 不同运行轮次的平均覆盖率

图 3-10　算法的平均覆盖率比较

3.5.3　移动距离仿真分析

图 3-11（a）是不同传感器节点数量采用 3DSD、GRSS 和 PRSS 算法运行 100 轮次的平均移动总距离。可以看出，提出的算法比 3DSD 的平均移动总距离短，这是由于提出的算法考虑了虚拟边界力，减少了不必要的移动。由于 PRSS 的分层结构，简化了 3D 的拓扑重构，减少了传感器节点垂直方向的移动，因此 PRSS 的平均移动总距离与 GRSS 相比低了 27.17%。随着节点数量的增加，节点数量小于 70（δ=0.9896≈1）时三个方法的平均移动总距离都在提高，但当节点数量超过 70 时开始下降。这是由于节点数量小于 70 时最大可能覆盖率 δ<1，传感器节点不足以覆盖整个监测区域，传感器节点之间的距离阈值 D_{ij} 为 r_i+r_j。因此，传感器节点会移动较远的距离以覆盖监测区域，使网络可以快速到达稳定状态。当传感器数量大于 70（δ>1）时，距离阈值为 D_{ij}=（r_i+r_j）/δ。当传感器节点继续增加时，D_{ij} 会限制节点在每轮的移动距离，因此算法的移动距离都开始下降。

图 3-11（b）所示为 100 个传感器节点采用 3DSD、GRSS 和 PRSS 算法运行不同轮次的平均移动总距离，随着轮次的增加，所有方法的平均移动总距离都提高。然而，GRSS 和 PRSS 算法的平均移动总距离与 3DSD 算法相比要短，这

是由于 GRSS 和 PRSS 算法考虑了边界力，减少了不必要的移动。另外，PRSS
的分层结构，简化了网络的拓扑重构，也减少了传感器节点在垂直方向的移
动，因此 GRSS 算法平均移动总距离比 PRSS 要长。从图 3-11（b）还可以看出
所有算法在 60 轮次后平均移动总距离增加缓慢，说明此时传感器网络拓扑进入
一个相对稳定的状态。

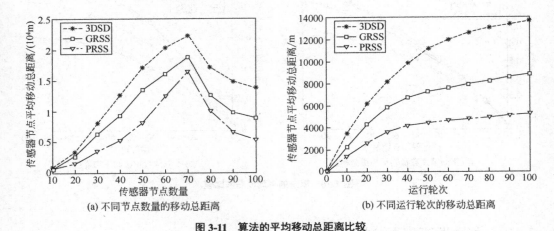

(a) 不同节点数量的移动总距离　　　　　　　(b) 不同运行轮次的移动总距离

图 3-11　算法的平均移动总距离比较

3.5.4　网络能耗和网络生存时间仿真分析

图 3-12（a）所示为四种平均单位能耗（采用 3DSD、GRSS 和 PRSS 算法运
行 100 轮次的平均单位能耗以及 RAND 算法采用随机部署方法的平均单位能
耗）随传感器节点数量的变化情况。随着节点数量的增加，所有方法的平均单
位能耗都在提高。可以看出 RAND 在四个算法中是平均单位能耗最高的。这是
由于采用随机方法使传感器网络拓扑没有规则，造成较多的传感器节点到 Sink
节点的路由跳数大。由于考虑了虚拟边界力，PRSS 和 GRSS 算法的平均单位能
耗比 3DSD 算法要低。GRSS 算法的平均单位能耗比 RAND 低 5.55%，比 3DSD
要低 2.56%。PRSS 算法的平均单位能耗比 RAND 低 9.34%，比 3DSD 要低
6.23%。PRSS 算法的平均单位能耗比 GRSS 低是由于分层结构和优先级，这使
传感器节点更加集中，因此 PRSS 算法的平均单位能耗比 GRSS 低 3.58%。从图
3-12（a）还可以看出，所有算法的平均单位能耗在 60 轮次后增加缓慢，这是由
于在仿真中监测区域和传感器节点的通信半径是固定的，因此随着节点数量的
增加，靠近边界的传感器节点的路由跳数变化不大。

图 3-12（b）所示为四种平均网络生存时间（采用 3DSD、GRSS 和 PRSS 算法运行 100 轮次的平均网络生存时间，以及 RAND 算法采用随机部署方法的平均网络生存时间）随传感器节点数量的变化情况，在本书中网络生存时间是指传感器网络第一个节点"死亡"的时间。随着节点数量的增加，所有方法的平均网络生存时间都在下降。可以看出 RAND 在四个算法中是平均网络生存时间最短的。GRSS 算法的平均网络生存时间比 RAND 提高 6.23%，PRSS 比 RAND 提高 9.97%。这是由于 RAND 采用随机部署方法，使传感器网络拓扑没有规则，造成较多的传感器节点到 Sink 节点的路由跳数大，缩短了网络生存时间。GRSS 算法的平均网络生存时间比 3DSD 提高 3.41%，PRSS 比 3DSD 提高 7.05%。3DSD 算法的平均网络生存时间比 RAND 有所改善，但是，3DSD 算法使部分传感器节点的感知范围超出了监测区域，这会增加这些传感器节点传输数据的路由跳数，缩短网络生存时间，因此 3DSD 算法的平均网络生存时间比 GRSS 和 PRSS 短。GRSS 算法中 Sink 节点采用虚拟感知半径平衡传感器网络中的能量负载，延长了网络生存时间。PRSS 算法中 Sink 节点考虑了邻居节点的剩余电量建立虚拟力模型，Sink 节点根据受到的虚拟力进行移动，使其离开电量低的传感器节点。虽然采用虚拟感知半径的方法能够平衡传感器网络中的能量并延长网络生存时间，但是 GRSS 中 Sink 节点固定，这限制了延长网络生存时间的能力。因此，PRSS 算法的平均网络生存时间比 GRSS 长。

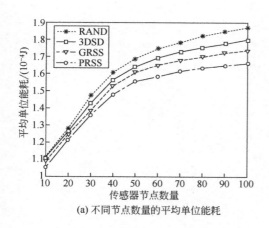

(a) 不同节点数量的平均单位能耗

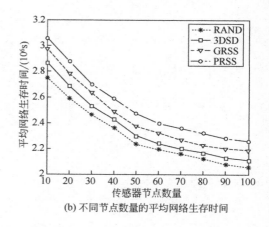

(b) 不同节点数量的平均网络生存时间

图 3-12　算法的平均单位能耗和平均网络生存时间比较

3.6　本章小结

本章针对移动传感器网络拓扑重构中，在气体泄漏监测场景中存在部分传感器节点移动至监测区域边界外，造成无效覆盖这一问题，根据监测区域的范围不同，提出了基于虚拟力的 3D 自组织拓扑重构算法和分层优先级 3D 拓扑重构算法。首先，在虚拟万有引力模型中引入气体浓度，并考虑了监测区域边界对传感器节点产生的虚拟边界力。然后，针对气体泄漏监测区域较小，且传感器节点充足的场景提出了一种基于虚拟力的 3D 自组织拓扑重构算法。该算法中传感器节点计算其所受虚拟力的合力，并根据这个合力进行移动从而实现传感器网络的拓扑重构。最后，考虑到监测区域的重要程度不同，针对监测区域大而传感器节点较少的情况，提出了一种基于虚拟力的分层优先级 3D 拓扑重构算法，该算法将监测区域划分成多个层，根据各层的优先级重新分配传感器数量。各层中的移动传感器节点计算其所受虚拟力的合力，并根据所受合力进行移动从而完成拓扑重构。仿真实验表明，提出的算法在这两种场景下提高了网络覆盖率，减小了移动距离，降低了网络能耗，延长了网络生存时间。

第 4 章 •○

高速公路场景下基于预测的 VSNs 拓扑重构机制

4.1　引言

第 3 章在气体泄漏监测场景中讨论了基于虚拟力的 3D 移动传感器网络拓扑重构机制，该机制主要研究普通节点移动的网络覆盖问题，根据监测区域的范围及移动传感器节点所受虚拟力的合力进行拓扑重构从而提高网络覆盖率。在传感器节点完成监测区域的覆盖后，Sink 节点移动情况下的网络连通性、能耗及生存时间等就成为移动传感器网络拓扑重构研究的重要问题。本章选择高速公路场景下在路边部署的无线传感器网络作为研究对象，在完成对高速公路监测覆盖后，车辆采用安装的定位系统、车载传感器及数据通信设备能够感知道路及交通信息，同时可以作为移动 Sink 实现路边无线传感器网络的数据采集与分发。虽然部署在路边的部分传感器节点（如汇聚节点或其他能耗较大的传感器节点）能够采用电力桩供电，但是传感器节点的部署密度较高，当采用电力桩供电时存在成本高、施工复杂及扩展性差等问题，因此大多数情况下无线传感器节点仍然需要采用电池供电。此外，这些无线传感器节点还面临部署环境复杂、节点处理能力及通信资源有限、节点容易失效等问题。因此，研究高速公路场景下无线传感器网络的拓扑重构机制，实现部署在路边的无线传感器网络长期高效运行成为本章研究的重点问题。

车辆传感器网络（Vehicular Sensor Networks，VSNs）作为一种特殊的移动传感器网络，是将安装在车辆上及部署在路边的传感器设备通过无线通信方式相互连接组成的网络[143]。VSNs 不需要基础设施，车辆传感器网络可以与路边的传感器通过一跳或多跳的方式与其他车辆保持通信。VSNs 虽然也是移动传感器网络，但是由于车辆行驶的特殊性，具有以下特点。

① 快速移动性。车辆的快速行驶，使得 VSNs 网络拓扑动态变化，也使得通信信号衰减、链路质量及容量动态变化。

② 车辆位置可预测。车辆行驶在给定方向的道路上，移动轨迹具有一定的规律性，获取其位置、行驶方向及速度具有一定可能性。

③ 车辆传感器节点的能量充足。车辆传感器节点能够持续地进行电量供给，车辆行驶时可以通过发动机产生电能，停车时可以通过大功率的可充电蓄电池进行供电。

车辆行驶速度快，进入和离开路边的无线传感器节点通信范围都会造成网络拓扑动态变化，且车辆经过传感器节点通信范围的停留时间较短，对网络的连通性、能耗及生存时间等有重要的影响，需要尽快重构移动传感器网络拓扑。因此，为了更合理地利用车辆传感器节点及路边传感器节点有限的资源，研究 VSNs 的网络拓扑重构具有重要的意义。

　　VSNs 为扩大现有交通控制系统的路边传感器基础设施创造了巨大的机会[144]。在道路中利用无线传感器网络可以监测车辆、道路状况及气象等信息，从而保证车辆安全行驶[145, 146]。当道路中无线传感器节点采用电池供电时，能耗将是其在未来 VSNs 通信中的应用限制因素之一[147]。而且，部署在路边的无线传感器网络往往是带状网络拓扑，采用传统的 WSNs 路由算法，很容易产生能量空洞。因此，在高速公路的 VSNs 通信中减少无线传感器网络的能耗及延长网络生存时间是拓扑重构研究的重要目标。在 VSNs 中车辆可以作为中继，转发路边无线传感器网络采集的数据[148]，能够减少网络能耗并延长网络生存时间。然而，车辆在传感器节点通信范围内的停留时间较短，因此，传感器节点如何选择合适的中继车辆进行拓扑重构是研究的重要问题。目前，已经提出了多种中继选择算法[149~153]，但是这些算法多针对固定中继节点，没有考虑中继节点的移动性，且在节点选择中继接入后只有当网络性能发生变化时才进行切换，没有考虑数据传输的负载均衡问题，不能直接将这些方法应用于 VSNs 通信中。

　　基于以上分析，本章将提出一种基于预测的车辆传感器网络拓扑重构机制。首先，分析 VSNs 的网络拓扑结构，并计算车辆在路边无线传感器节点通信范围中的停留时间。其次，针对路边无线传感器节点在选择中继车辆时的负载不均衡问题，根据停留时间引入了接入切换间隔，提出了一种基于停留时间的车辆传感器网络拓扑重构算法。然后，为了进一步减少车辆传感器网络的能耗及延长网络生存时间，针对路边无线传感器节点通信范围内没有车辆的情况，根据车辆的平均行驶速度预测车辆的到达时间及在节点通信范围内的停留时间，采用延迟容忍的预存储机制存储数据。最后，路边无线传感器节点根据车辆的位置预测和建立路径传输能耗评估模型并选择路径能耗低的邻居传感器节点，重新建立网络拓扑。仿真实验表明，本书提出的基于预测的车辆传感器网络拓扑重构算法能够提高车辆传感器网络的生存时间，降低网络能耗。

4.2　网络拓扑模型

4.2.1　假设与定义

本章的假设如下。

假设 4-1　部署在高速公路上的无线传感器节点进行数据传输时广播数据转发请求消息。如果其一跳邻居内有车辆传感器节点或邻居传感器节点，则该车辆传感器节点的回复消息应包括其平均行驶速度，邻居传感器节点的回复消息应包括监测到的车辆行驶速度。如果邻居传感器节点监测范围内没有车辆，则向其下一跳邻居发送该数据转发请求消息。

假设 4-2　车辆拥有专用短程通信技术（Dedicated Short Range Communications，DSRC）及 ZigBee 的短程通信模块，能够实现车辆及传感器节点之间的短程无线通信。

假设 4-3　车辆转发数据时可采用 DSRC 的短程通信模块，在车辆之间通过基于位置的路由协议（Greedy Perimeter Stateless Routing，GPSR）将数据传递到 Sink 节点。

本章的定义如下：

定义 4-1　停留时间（Residence Time）：行驶车辆通过传感器节点通信范围需要的时间。

定义 4-2　到达距离（Arrival Distance）：行驶车辆进入传感器节点通信范围需要的距离。

定义 4-3　到达时间（Arrival Time）：行驶车辆进入传感器节点通信范围需要的时间。

定义 4-4　接入切换间隔时间（Access Switching Interval Time）：传感器节点从接入一个中继车辆到切换至下一个车辆的间隔时间。

定义 4-5　网络生存时间（Network Lifetime）：以无线传感器网络中首个节点能量耗尽的时刻计算网络生存时间。

4.2.2　网络拓扑分析

高速公路场景中车辆传感器网络的节点包括车辆传感器节点和部署在路边

的无线传感器节点。车辆传感器节点能量充足、移动速度快并具有一定的可预测性，不仅能够感知、收集和计算车辆内部的状态信息，还能够获取车辆节点周围的路况、交通及天气等环境参数。部署在路边的传感器节点位置相对固定，能够与车辆传感器网络互联互通，可灵活地收集和转发与交通相关的信息。在本书中，部署在路边的部分传感器节点（如汇聚节点、图像及视频等能耗较大的传感器节点）采用电力桩供电，而其他传感器节点（如路面温度、湿滑度及能见度传感器节点等）仍采用电池供电。其他传感器节点采用电池供电的原因主要有：

① 成本低。无线传感器节点的通信距离一般在 10～100m，无线传感器网络对高速公路进行监测时，节点之间的间距一般应不大于 100m，因此无线传感器节点部署密度大。当采用电力桩供电时需要部署的电力桩或线路较多，成本较高，而采用电池供电成本相对较低。

② 施工简单。无线传感器节点采用电池供电，只需要对传感器节点进行部署，不依赖高速公路的电力基础设施，因此施工简单方便。

③ 扩展性好。随着无线传感器网络技术的发展，当出现新型的高速公路监测传感器时，对于采用电池供电的传感器节点而言只需要增加相应的节点即可，不受电力系统接口及位置的限制。

车辆传感器网络拓扑如图 4-1 所示，假设传感器节点集合 $S=\{s_i\}$（i: 1, 2, $\cdots$, m）和车辆（传感器）集合 $\mathrm{Veh_J}=\{\mathrm{Veh_j}\}$（$j$: 1, 2, $\cdots$, n），其中无线传感器节点 $s_i \in S$，$\mathrm{Veh_j} \in \mathrm{Veh_J}$。传感器节点 s_i 的通信半径为 $r_{c,i}$，无线传感器节点 s_i 的地理位置为 $l_i=(x_i, y_i)$，车辆 $\mathrm{Veh_j}$ 的地理位置为 $l_j=(x_j, y_j)$，车辆 $\mathrm{Veh_j}$ 的平均行驶速度为 v_j。在本书中，车辆作为一种特殊的传感器节点，与通信范围内的路边传感器节点就近分簇，形成分簇的逻辑拓扑结构，各分簇内部车辆节点作为簇首或移动 Sink 节点转发路边传感器节点采集的信息。而簇间由车辆互联形成平面型逻辑拓扑结构。

图 4-2 中虚线箭头表示车辆传感器节点 $\mathrm{Veh_j}$ 的移动方向，θ 是向量 $\overrightarrow{l_i l_j}$ 与车辆传感器节点 $\mathrm{Veh_j}$ 行驶方向的夹角，其中：l_i 是无线传感器节点 s_i 的地理位置，且 $l_i=(x_i, y_i)$；l_j 是车辆 $\mathrm{Veh_j}$ 的地理位置，且 $l_j=(x_j, y_j)$。车辆传感器节点 $\mathrm{Veh_j}$ 在该时刻到离开无线传感器节点 s_i 通信范围的行驶距离 $\xi(\mathrm{Veh}_j, \mathrm{Veh}_{j,tb})$（线段 $\mathrm{Veh_j Veh}_{j,tb}$ 的长度）可以通过 $\sqrt{r_{c,i}^2 - \xi(s_i, \mathrm{Veh}_j)^2 \sin^2\theta} + \xi(s_i, \mathrm{Veh}_j)\cos\theta$ 计算，其中，$\mathrm{Veh}_{j,tb}$ 是车辆传感器 $\mathrm{Veh_j}$ 离开无线传感器节点 s_i 通信范围的边界

点，$\xi(s_i , \text{Veh}_j) = \sqrt{(x_i - x_j)^2 + (y_i - y_j)^2}$。车辆传感器节点 Veh_j 在无线传感器节点 s_i 通信范围内的停留时间 $T_{i,j}$ 如式（4-1）所示。

$$T_{i,j} = \frac{\sqrt{r_{c,j}^2 - \xi(s_i , \text{Veh}_j)^2 \sin^2 \theta} + \xi(s_i , \text{Veh}_j) \cos \theta}{v_j} \tag{4-1}$$

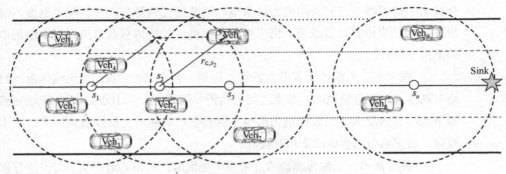

图 4-1　VSNs 网络拓扑模型

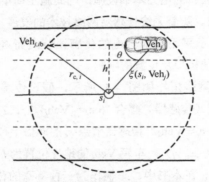

图 4-2　VSNs 中车辆传感器节点停留时间的计算模型

到达距离 $\text{Ad}_{i,j}$ 是从车辆传感器节点 Veh_j 的位置到进入无线传感器节点 s_i 通信范围的距离。到达时间 $\text{At}_{i,j}$ 是从车辆传感器节点 Veh_j 的位置到进入传感器节点 s_i 的通信范围所需的时间。如图 4-3 所示，车辆传感器节点 Veh_j 移动行驶至无线传感器节点 s_i 的通信范围。因此，$\text{Ad}_{i,j}$ 的计算如式（4-2）所示。

$$\text{Ad}_{i,j} = \xi(s_i , \text{Veh}_j) \cos \theta - \sqrt{r_{c,i}^2 - \left[\xi(s_i , \text{Veh}_j) \sin \theta\right]^2} \tag{4-2}$$

图 4-3 中虚线箭头表示车辆传感器节点 Veh_j 的移动方向，θ 是向量 $\overrightarrow{l_i l_j}$ 与车辆传感器节点 Veh_j 的行驶方向的夹角，其中：l_i 是无线传感器节点 s_i 的地理位置，且 $l_i = (x_i, y_i)$；l_j 是车辆传感器节点 Veh_j 的地理位置，且 $l_j = (x_j, y_j)$。无

线传感器节点 s_i 可以通过其邻居传感器节点 s_{i+1} 获得车辆传感器节点 Veh_j 的地理位置、平均行驶速度及方向。其中，$\xi(s_i, Veh_j) = \sqrt{(x_i - x_j)^2 + (y_i - y_j)^2}$。车辆传感器节点 Veh_j 进入传感器节点 s_i 的通信范围的到达时间 $At_{i,j}$ 的计算如式（4-3）所示。

$$At_{i,j} = Ad_{i,j}/v_j \qquad (4\text{-}3)$$

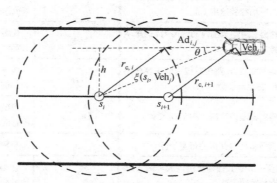

图 4-3　VSNs 中车辆到达距离和到达时间的计算模型

车辆传感器节点 Veh_j 穿过无线传感器节点 s_i 通信范围的最大数据传输量 $Dt_{max,i,j}$ 的计算如式（4-4）所示。

$$Dt_{max,i,j} = r_{t,i}T_{i,j} \qquad (4\text{-}4)$$

式中，$r_{t,i}$ 为无线传感器节点 s_i 的传输速率。当车辆在无线传感器节点 s_i 的通信范围内时，无线传感器节点 s_i 会选择合适的车辆进行数据传输。

4.2.3　本章主要符号表

本章主要的符号定义如表 4-1 所示。

表 4-1　第 4 章主要符号表

符号	符号解释	符号	符号解释
S	传感器节点集合 $S=\{s_i\}$（i: 1, 2, …, m）	s_i	编号为 i 的传感器
Veh_J	车辆集合 $Veh_J=\{Veh_j\}$（j: 1, 2, …, n）	Veh_j	编号为 j 的车辆传感器
l_i	传感器 s_i 的地理位置	l_j	车辆传感器 Veh_j 的地理位置
$r_{c,i}$	传感器节点 s_i 的通信半径	$r_{c,j}$	车辆传感器 Veh_j 的通信半径
$r_{t,i}$	传感器 s_i 的数据传输速率	v_j	车辆 Veh_j 的平均行驶速度

符号	符号解释	符号	符号解释
$\overrightarrow{l_i l_j}$	传感器 s_i 和车辆传感器 Veh_j 的地理位置组成的向量	θ	向量 $\overrightarrow{l_i l_j}$ 与车辆传感器 Veh_j 的行驶方向的夹角
v_{ij}	传感器 s_i 通信范围内的车辆传感器 Veh_{ij} 的平均行驶速度 v_{ij}	$Veh_{j,fb}$	车辆传感器 Veh_j 离开无线传感器 s_i 通信范围的边界点
Veh_{ij}	传感器 s_i 通信范围内的编号为 j 的车辆传感器	Veh_{iJ}	传感器 s_i 通信范围内的车辆传感器节点集合
l_{ij}	传感器节点 s_i 通信范围内的车辆传感器 Veh_{ij} 的地理位置	$r_{c,ij}$	传感器 s_i 通信范围内的车辆传感器 Veh_{ij} 的通信半径
n_{ij}	传感器 s_i 通信范围内的车辆数量	$Dt_{max,i,j}$	车辆传感器 Veh_j 穿过传感器 s_i 通信范围时的最大数据传输量
B_i	传感器 s_i 期望获得的带宽资源	B_j	车辆 Veh_j 的剩余带宽资源
$r_{t,ij}$	传感器 s_i 到其通信范围内的车辆 Veh_{ij} 的数据传输速率	B_{ji}	传感器 s_i 通信范围内的车辆传感器 Veh_{ji} 剩余的带宽资源
$\xi(s_i, Veh_j)$	传感器 s_i 到车辆传感器 Veh_j 的欧氏距离	$\xi(Veh_j, Veh_{j,b})$	车辆传感器 Veh_j 离开无线传感器节点 s_i 通信范围的行驶距离
$Ad_{i,j}$	从车辆 Veh_j 的位置到进入传感器 s_i 的通信范围的距离	$At_{i,j}$	从车辆传感器 Veh_j 的位置到进入传感器 s_i 的通信范围所需的时间
$T_{i,j}$	车辆 Veh_j 在传感器 s_i 通信范围内的停留时间	$T_{ASI,i}$	传感器 s_i 的接入切换间隔时间
$\max\limits_{j=1}^{n}(T_{i,j})$	传感器 s_i 通信范围内的车辆集合中最大的停留时间	$\min\limits_{j=1}^{n}(T_{i,j})$	传感器 s_i 通信范围内的车辆集合中最小停留时间
$T_{i,dt}$	传感器节点 s_i 的延迟容忍时间	l_p	传感器节点的数据包长度
$C_{i,s}$	传感器 s_i 的数据存储量	C_i	传感器 s_i 需要传输的数据量
$D_{i,max}$	传感器 s_i 最大数据存储量	$D_{i,c}$	传感器节点 s_i 的缓存空间
D_i	传感器 s_i 单位时间采集的数据量	E_i	传感器 s_i 中继一个长度为 l_p 数据包的能耗
$E_R(l_p)$	传感器节点接收数据包（长度为 l_p）的能耗	$E_{T,i}(l_p, r_{c,i})$	传感器节点以 $r_{c,i}$ 为通信半径发送数据包（长度为 l_p）的能耗
$E_{i,j}$	传感器 s_i 采用车辆中继方法发送单位数据到 Sink 的能耗	$E_{i,S}$	传感器 s_i 不采用车辆中继方法发送单位数据到 Sink 的能耗
$n_{hop,ij}$	传感器 s_i 到车辆 Veh_j 的路由跳数	$n_{hop,iS}$	传感器 s_i 到 Sink 节点的路由跳数
e_{elec}	电子设备发射或接收数据的能耗	α_i	传感器节点 s_i 采用中继车辆转发的数据占总数据的百分比
ε_0	传感器初始能量	ε_{fs}	无线天线放大器的能耗

4.3 基于停留时间的 VSNs 拓扑重构算法

4.3.1 VSNs 拓扑重构流程

VSNs 拓扑重构的流程如图 4-4 所示，在高速公路路边部署的无线传感器节点 s_i 进行数据传输时，选择其通信范围内的车辆作为中继节点进行网络拓扑重构。具体流程如下。

① 无线传感器节点 s_i 发送数据转发请求消息 request（s_i）到其通信范围内的车辆传感器节点 Veh$_1$，Veh$_2$，Veh$_3$ 和 Veh$_4$。数据转发请求消息 request（s_i）定义为一个四元组<B_i，C_i，$r_{c,i}$，l_i>。其中：B_i 表示无线传感器节点 s_i 期望获得的带宽资源，C_i 表示无线传感器节点 s_i 需要传输的数据量，$r_{c,i}$ 表示无线传感器节点 s_i 的通信半径，l_i 表示无线传感器节点 s_i 的地理位置。

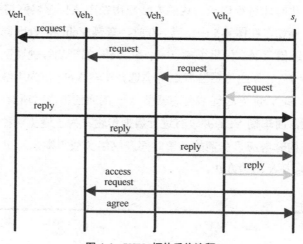

图 4-4 VSNs 拓扑重构流程

② 当 Veh$_1$，Veh$_2$，Veh$_3$ 和 Veh$_4$ 收到无线传感器节点 s_i 的数据转发请求消息 request（s_i）后，车辆传感器节点根据自己的地理位置、平均行驶速度、通信半径及带宽占用情况等信息，发送回复请求消息 reply（Veh$_j$）。回复请求消息 reply（Veh$_j$）定义为一个四元组<B_j，v_j，$r_{c,j}$，l_j>。其中：B_j 表示车辆传感器节点 Veh$_j$ 剩余的带宽资源，v_j 表示车辆传感器节点 Veh$_j$ 的平均行驶速度，$r_{c,j}$ 表示车辆传感器节点 Veh$_j$ 的通信半径，l_j 表示车辆传感器节点 Veh$_j$ 的

地理位置。

③ 当无线传感器节点 s_i 收到车辆传感器节点 Veh_j 的回复请求消息 reply（Veh_j）后，根据 Veh_j 回复信息的内容计算停留时间 $T_{i,j}$、车辆到达距离 $Ad_{i,j}$、车辆到达时间 $At_{i,j}$、数据传输速率 $r_{t,i}$ 和最大数据传输量 $DT_{max,i,j}$。

④ 无线传感器节点 s_i 根据计算的 $T_{i,j}$、$Ad_{i,j}$、$At_{i,j}$、$DT_{max,i,j}$，从 Veh_1、Veh_2、Veh_3 和 Veh_4 中选择合适的中继车辆进行拓扑重构。

⑤ 无线传感器节点 s_i 发送接入请求 access request 到选择的车辆 Veh_2（图 4-4 中举例选择 Veh_2），车辆 Veh_2 发送回复请求接入消息到无线传感器节点 s_i。

4.3.2　VSNs 拓扑重构的负载均衡机制

目前，大多数的中继选择算法在节点选择中继接入后，只有当网络性能发生变化时才进行切换，这些方法应用在车辆传感器网络中会造成网络负载不均衡。例如，在图 4-5 中，当 t=0 时，车辆 Veh_1 和 Veh_2 同时抵达无线传感器节点 s_i 的通信范围。如果车辆 Veh_1 和 Veh_2 的平均行驶速度相同，可以很容易得出 $T_{i,j2}>T_{i,j1}$。无线传感器节点 s_i 会选择车辆 Veh_2 作为中继进行数据传输。在车辆 Veh_1 和 Veh_2 穿过无线传感器节点 s_i 的通信范围时所有的数据将会由车辆 Veh_2 传输，而车辆 Veh_1 并没有进行数据传输。为了避免这种情况，在进行 VSNs 拓扑重构时考虑了车辆的停留时间及网络负载平衡，提出了一种基于停留时间的 VSNs 拓扑重构方法。

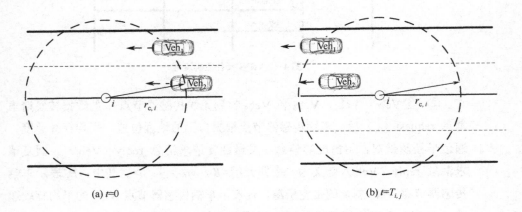

(a) t=0　　　　　　　　　　　　　(b) t=$T_{i,j}$

图 4-5　基于停留时间的 VSNs 拓扑重构方法

假设无线传感器节点 s_i 通信范围内的车辆集合为 $\text{Veh}_{iJ}=\{\text{Veh}_{i1}, \text{Veh}_{i2}, \cdots, \text{Veh}_{in}\}$，且 $\text{Veh}_{ij}\in\text{Veh}_{iJ}$。无线传感器节点 s_i 根据其通信范围内的车辆集合 Veh_{iJ} 计算车辆的最大停留时间 $\max\limits_{j=1}^{n}(T_{i,j})$ 和最小停留时间 $\min\limits_{j=1}^{n}(T_{i,j})$。然后根据最大停留时间 $\max\limits_{j=1}^{n}(T_{i,j})$、最小停留时间 $\min\limits_{j=1}^{n}(T_{i,j})$ 及无线传感器节点 s_i 通信范围内车辆的数量 n_{ij} 计算无线传感器节点 s_i 的接入切换间隔时间 $T_{\text{ASI},i}$，计算方法如式（4-5）所示。

$$T_{\text{ASI},i}=\begin{cases} \max(T_{i,j})/n_{ij}, & \max(T_{i,j})/n_{ij} < \min(T_{i,j}) \\ \min(T_{i,j}), & \max(T_{i,j})/n_{ij} > \min(T_{i,j}) \end{cases} \tag{4-5}$$

式中，n_{ij} 为无线传感器节点 s_i 通信范围内的车辆数量。为了均衡无线传感器数据传输，提出的算法在进行车辆选择时引入了接入切换间隔时间 $T_{\text{ASI},i}$，同时为了减少无线传感器节点 s_i 的接入切换次数，减少不必要的接入开销，在计算接入切换间隔时间 $T_{\text{ASI},i}$ 时根据车辆的剩余带宽来确定无线传感器节点 s_i 通信范围内可接入车辆数量。具体的基于停留时间的 VSNs 拓扑重构算法步骤如下。

第 1 步：无线传感器节点发送数据转发请求消息。无线传感器节点 s_i 发送数据转发请求消息 request（s_i）到其通信范围内的车辆传感器节点集合 Veh_{iJ}。其中，数据转发请求消息 request（s_i）包括无线传感器节点 s_i 需要传输的数据量 C_i、通信半径 $r_{\text{c},i}$、地理位置 l_i 及期望获得的带宽资源 B_i。

第 2 步：车辆传感器节点发送回复请求消息。Veh_{iJ} 中的车辆传感器节点收到无线传感器节点 s_i 的请求消息 request（s_i）后，分别发送回复请求消息 reply（Veh_{ij}）到传感器节点 s_i。其中，回复请求消息 reply（Veh_{ij}）包括 Veh_{ij} 的剩余带宽资源 B_{ji}、平均行驶速度 v_{ij}、通信半径 $r_{\text{c},ij}$ 及地理位置 l_{ij}。

第 3 步：无线传感器节点更新其通信范围内的车辆集合。当无线传感器节点 s_i 收到回复请求消息 reply（Veh_{ij}）后，比较无线传感器节点 s_i 期望获得的带宽资源 B_i 和 Veh_{ij} 剩余的带宽资源 B_{ji}，当 $B_i>B_{ji}$ 时则将 Veh_{ij} 从车辆传感器节点集合 Veh_{iJ} 中去除，无线传感器节点 s_i 更新 Veh_{iJ} 及其通信范围内车辆的数量 n_{ij}。

第 4 步：无线传感器节点 s_i 计算接入切换间隔。无线传感器节点 s_i 根据收到的车辆回复请求消息 reply（Veh_{ij}）计算停留时间 $T_{i,j}$、车辆到达距离 $\text{Ad}_{i,j}$、车辆到达时间 $\text{At}_{i,j}$ 和最大数据传输量 $\text{DT}_{\max,i,j}$。无线传感器节点 s_i 根据式（4-5）计算其接入切换间隔时间 $T_{\text{ASI},i}$，并将其通信范围内的车辆按照停留时间进行升序排列。

第 5 步：无线传感器节点 s_i 选择停留时间最小的车辆建立网络拓扑。无线传感器节点 s_i 选择停留时间最小的车辆作为中继进行数据传输。无线传感器节点 s_i 选择并接入该车辆后，在接入切换间隔时间 $T_{\mathrm{ASL},i}$ 内进行数据传输，在 $T_{\mathrm{ASL},i}$ 时间后，去除已选择的中继车辆，返回第 1 步。

4.3.3　CRSR 算法描述

基于停留时间的 VSNs 拓扑重构算法（CRSR）描述如算法 4-1 所示。首先，无线传感器节点 s_i 初始化参数 $T_{i,j}$、$T_{\mathrm{ASL},i}$ 并发送数据转发请求消息 request（s_i）到其通信范围内的车辆传感器节点集合 Veh_{ij}。其次，Veh_{ij} 中的车辆传感器节点收到无线传感器节点 s_i 的请求消息 request（s_i）后，分别发送回复请求消息 reply（Veh_{ij}）到无线传感器节点 s_i。然后，无线传感器节点 s_i 收到车辆回复请求消息 reply（Veh_j）后根据其期望带宽 B_i 及车辆传感器节点的剩余带宽 B_j 更新 Veh_{ij}，并计算停留时间 $T_{i,j}$、车辆到达距离 $\mathrm{Ad}_{i,j}$、车辆到达时间 $\mathrm{At}_{i,j}$、最大数据传输量 $\mathrm{DT}_{\mathrm{max},i,j}$ 及接入切换间隔时间 $T_{\mathrm{ASL},i}$。最后，无线传感器节点 s_i 选择停留时间最短的车辆发送接入请求消息 access request，并在接入完成 $T_{\mathrm{ASL},i}$ 后重新选择中继车辆进行拓扑重构。

算法 4-1　基于停留时间的 VSNs 拓扑重构算法（CRSR）

1: Initialize $T_{i,j}=0$, $T_{\mathrm{ASL},i}=0$
2: while ($\mathrm{Veh}_{ij}\neq\varnothing$) do
3:　　　for 传感器节点 $s_i \in S=\{S_i\}(i:\ 1, 2, \cdots, m)$do
4:　　　　　传感器节点 s_i 发送请求消息 request 到 Veh_{ij}
5:　　　　　车辆 $\mathrm{Veh}_{i,j} \in \mathrm{Veh}_{ij}$ 收到接入请求 request 后发送回复请求消息 reply
6:　　　　　传感器节点 s_i 计算 $T_{i,j}$, $\mathrm{Ad}_{i,j}$, $\mathrm{At}_{i,j}$, $\mathrm{DT}_{\mathrm{max},i,j}$
7:　　　　　传感器节点 s_i 将 $T_{i,j}$ 进行升序排列，并计算 $T_{\mathrm{ASL},i}$
8:　　　　　if ($B_i > B_{ji}$) then
9:　　　　　　　将车辆传感器节点 Veh_{ij} 从车辆传感器节点集合 Veh_{ij} 中移除并更新 Veh_{ij}
10:　　　　　end if
11:　　　　　　　if ($T_{\mathrm{ASL},i}\neq0$) then
12:　　　　　　　传感器节点 s_i 选择停留时间最短的车辆发送接入 access request
13:　　　　　　　end if
14:　　　end for
15: end while

4.4　基于预测的 VSNs 拓扑重构算法

4.4.1　拓扑模型

考虑 Sink 节点基于预测的 VSNs 拓扑模型如图 4-6 所示。

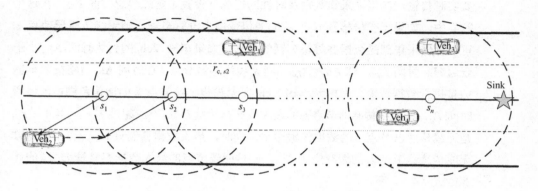

图 4-6　考虑 Sink 节点基于预测的 VSNs 拓扑模型

根据 4.3 节的描述，无线传感器节点 s_i 可以求出其通信范围内的车辆传感器节点 Veh_{ij} 的停留时间 $T_{i,j}$、车辆到达距离 $\mathrm{Ad}_{i,j}$、车辆到达时间 $\mathrm{At}_{i,j}$、最大数据传输量 $\mathrm{DT}_{\max,i,j}$ 及接入切换间隔时间 $T_{\mathrm{ASI},i}$。在这种通信模型中，车辆作为移动中继可以转发传感器节点采集到的数据，从而减少传感器网络的能耗。然而，实际情况下车辆并不总是在传感器节点的通信范围内。因此，针对传感器节点通信范围内没有车辆的场景，为了进一步提高数据传输效率并降低能耗，在延迟容忍情况下考虑了车辆和 Sink 节点的位置，设计了一种基于预测的车辆传感器网络拓扑重构算法。

假设传感器节点集合为 $S=\{s_i\}$（i：1, 2, …, m），车辆集合为 $\mathrm{Veh}_J=\{\mathrm{Veh}_j\}$（$j$：1, 2, …, n），其中无线传感器节点 $s_i \in S$，$\mathrm{Veh}_j \in \mathrm{Veh}_J$。传感器节点 s_i 的通信半径为 $r_{c,i}$，无线传感器节点 s_i 的地理位置为 $l_i=(x_i, y_i)$，车辆 Veh_j 的地理位置为 $l_j=(x_j, y_j)$，车辆 Veh_j 的平均行驶速度为 v_j。则停留时间 $T_{i,j}$、车辆到达距离 $\mathrm{Ad}_{i,j}$、车辆到达时间 $\mathrm{At}_{i,j}$ 及最大数据传输量 $\mathrm{DT}_{\max,i,j}$ 可分别通过式（4-1）、式（4-2）、式（4-3）及式（4-4）计算。

4.4.2　基于延迟容忍的预存储机制

由于部分道路交通信息（如路面温度、湿滑度、冰雪及能见度）在一段时间内可能变化不大，因此传感器节点可以设置容忍延迟时间，预先存储采集到的数据。为了进一步减少无线传感器网络的能耗，缓解高速公路中部署的 WSNs 能量空洞问题，该算法考虑到无线传感器节点 s_i 采集的数据并不总是需要实时传输，在保证采集数据及时性的情况下设置了延迟容忍时间 $T_{i,\text{dt}}$，在这个时间中，如果无线传感器节点 s_i 的通信范围中没有车辆，则无线传感器节点 s_i 可以存储采集到的数据并等待车辆的到来。如果车辆 Veh_j 的到达时间 $\text{At}_{i,j}$ 小于延迟容忍时间 $T_{i,\text{dt}}$，即 $\text{At}_{i,j} < T_{i,\text{dt}}$，则无线传感器节点 s_i 在时间 $\text{At}_{i,j}$ 后将接入车辆 Veh_j 进行数据传输。考虑到车辆 Veh_j 在无线传感器节点 s_i 的通信范围内的停留时间 $T_{i,j}$，则无线传感器节点 s_i 的最大数据存储量 $D_{i,\max}$ 不应超过 $T_{i,j}r_{\text{t},i}$，其中，$r_{\text{t},ij}$ 是无线传感器节点 s_i 的数据传输速率。同时，最大数据存储量 $D_{i,\max}$ 也不能超过无线传感器节点 s_i 的缓存空间 $D_{i,\text{c}}$。则传感器节点的最大数据存储量 $D_{i,\max}$ 的计算如式（4-6）所示。

$$D_{i,\max} = \min\Big[\min\big(T_{i,j}, T_{i,\text{dt}}, \text{At}_{i,j}\big)r_{\text{t},i}, D_{i,\text{c}}\Big] \tag{4-6}$$

为了减少能量空洞并延长网络生存时间，如果 $\text{At}_{i,j} < T_{i,\text{dt}}$，无线传感器节点 s_i 存储的采集数据可以在 $\text{At}_{i,j}$ 后选择车辆 Veh_j 进行数据传输，则最大的数据传输量为 $\text{DT}_{\max,i,j} = \text{At}_{i,j} \times r_{\text{t},ij}$。如果 $\text{At}_{i,j} > T_{i,\text{dt}}$，无线传感器节点 s_i 存储的采集数据不能在车辆 Veh_j 到达后进行数据传输，在 $T_{i,\text{dt}}$ 时间后需要通过其邻居传感器节点进行数据传输，则最大的数据传输量为 $\text{DT}_{\max,i,j} = T_{i,\text{dt}} \times r_{\text{t},ij}$。假设传感器节点实际的数据存储量为 $D_{i,\text{s}}$，且 $D_{i,\text{s}} \leq D_{i,\max}$，即无线传感器节点 s_i 的实际数据存储量 $D_{i,\text{s}}$ 不应超过其最大数据存储量 $D_{i,\max}$。

4.4.3　传感器网络能耗模型

传感器节点的能耗模型参考了文献[150]，每个传感器节点在通信半径 $r_{\text{c},i}$ 中接收和发送一个数据包的能耗如下：

$$E_R(l_p) = l_p e_{\text{elec}} \tag{4-7}$$

$$E_{T,i}(l_p, r_{\text{c},i}) = l_p e_{\text{elec}} + l_p \varepsilon_{\text{fs}} r_{\text{c},i}^2 \tag{4-8}$$

式中，l_p 为数据包长度；e_{elec} 为电子设备发射或接收数据的能耗；ε_{fs} 为无线

天线放大器的能耗；$E_R(l_p)$ 为传感器节点接收数据包（长度为 l_p）的能耗；$E_{T,i}(l_p, r_{c,i})$ 为传感器节点以 $r_{c,i}$ 为通信半径发送数据包（长度为 l_p）的能耗。因此传感器 s_i 中继一个数据包的能耗 E_i 为：

$$E_i = E_{T,i}(l_p, r_{c,i}) + E_R(l_p) \tag{4-9}$$

在本节的模型中，n 个传感器节点部署在高速公路中，如图 4-6 所示，无线传感器 s_1 离 Sink 节点最远，无线传感器 s_n 离 Sink 节点最近。无线传感器 s_i 单位时间采集的数据量为 D_i。因此，传感器网络采用传统的路由方式传输数据时，传感器节点 s_i 的总能耗能够通过式（4-10）计算：

$$E_{\text{sum},i} = \frac{1}{l_p} \sum_{i=1}^{n} D_i E_i \tag{4-10}$$

当无线传感器 s_i 采用车辆中继转发方式进行数据传输时，车辆传感器节点能够持续地进行电量供给，车辆行驶时可以通过发动机产生电能，因此电量消耗不会造成车辆传感器节点的失效，因此这里只考虑部署在路边的无线传感器网络的能耗，其总能耗可以通过式（4-11）计算。

$$E_{\text{sum,coop}} = \frac{1}{l_p} \left[\sum_{i=1}^{n} \alpha_i D_i E_{T,i}(l_p, r_{c,i}) + \sum_{i=1}^{n} (1-\alpha_i)(n-i) D_i E_i \right] \tag{4-11}$$

式中，$E_{T,i}(l_p, r_{c,i})$ 为传感器节点以 $r_{c,i}$ 为通信半径发送一个数据包（长度为 l_p）的能耗；α_i 为传感器节点 s_i 采用车辆中继转发方式传输的数据量占总数据量的百分比；$1-\alpha_i$ 为采用传统路由方式进行数据传输的数据量占总数据量的百分比。

4.4.4 邻居传感器节点路径能耗评估模型

为了最小化传感器网络能耗和延长网络生存时间，当无线传感器节点 s_i 的延迟容忍时间小于车辆 Veh_j 的到达时间，即 $\text{At}_{i,j} > T_{i,\text{dt}}$ 时，无线传感器节点 s_i 存储的数据应在车辆到达前进行数据传输，在 $T_{i,\text{dt}}$ 时间后无线传感器节点 s_i 不得不选择其邻近的传感器节点进行拓扑重构。则无线传感器节点 s_i 发送单位时间采集的数据量 D_i 到车辆 Veh_j 的路径能耗为：

$$E_{i,j} = \begin{cases} \dfrac{1}{l_p} \sum_{i}^{i+n_{\text{hop},ij}} D_i E_i, & \text{车辆Veh}_j\text{和Sink 节点在传感器节点}s_i\text{的同一侧} \\[4mm] \dfrac{1}{l_p} \sum_{i-n_{\text{hop},ij}}^{i} D_i E_i, & \text{车辆Veh}_j\text{和Sink 节点在传感器节点}s_i\text{的两侧} \end{cases} \tag{4-12}$$

当无线传感器节点 s_i 未采用车辆中继的方式发送数据到 Sink 节点时，无线传感器节点 s_i 发送单位时间采集的数据量 D_i 到 Sink 的路径能耗为：

$$E_{i,S} = \frac{1}{l_p} \sum_{i=1}^{i+n_{\text{hop},iS}} D_i E_i \qquad (4-13)$$

式（4-12）、式（4-13）中，$n_{\text{hop},ij}$ 为无线传感器节点 s_i 到车辆 Veh_j 的路由跳数；$n_{\text{hop},iS}$ 为无线传感器节点 s_i 到 Sink 节点的路由跳数；D_i 是无线传感器节点 s_i 单位时间采集的数据量。无线传感器节点 s_i 可以根据车辆 Veh_j 的位置计算到达时间 $\text{At}_{i,j}$，也可以根据车辆 Veh_j 的位置评估自身到达车辆 Veh_j 的路由跳数 $n_{\text{hop},ij}$ 和到达 Sink 的路由跳数 $n_{\text{hop},iS}$。因此，无线传感器节点 s_i 能够计算能耗 $E_{i,j}$、$E_{i,S}$，则无线传感器节点 s_i 选择能耗最少的邻居传感器节点进行拓扑重构。

4.4.5　基于预测的 VSNs 拓扑重构算法

为了最小化传感器网络的能耗和缓解能量空洞现象，本小节在延迟容忍情况下提出了一种基于预测的 VSNs 拓扑重构算法（CRSP）。具体的拓扑重构算法步骤如下：

第 1 步：无线传感器节点预存储采集到的数据。当无线传感器节点 s_i 的通信范围内没有车辆节点时，初始化参数 $T_{i,j}=0$，$T_{\text{ASL},i}=0$，并存储采集到的数据，等待车辆的到来。

第 2 步：无线传感器节点判断是否需要数据传输。无线传感器节点 s_i 设置其采集数据的延迟容忍时间 $T_{i,\text{dt}}$，并计算实际数据存储量 $D_{i,S}$、最大数据存储量 $D_{i,\text{max}}$ 以及车辆 Veh_j 进入其通信范围的到达时间 $\text{At}_{i,j}$。当 $\text{At}_{i,j} > T_{i,\text{dt}}$ 或 $D_{i,S} \geqslant D_{i,\text{max}}$ 时，即无线传感器节点 s_i 的延迟容忍时间 $T_{i,\text{dt}}$ 小于车辆 Veh_j 的到达时间 $\text{At}_{i,j}$ 或无线传感器节点 s_i 的实际数据存储量 $D_{i,S}$ 大于或等于其最大数据存储量 $D_{i,\text{max}}$ 时，需要进行数据转发，则进入第 3 步，否则返回第 1 步。

第 3 步：无线传感器节点分别评估其邻居传感器节点到 Sink 和车辆 Veh_j 的路径能耗。无线传感器节点 s_i 根据车辆及 Sink 节点的位置计算其邻居传感器节点到车辆 Veh_j 的路由跳数 $n_{\text{hop},ij}$ 和到 Sink 节点的路由跳数 $n_{\text{hop},iS}$。然后，无线传感器节点 s_i 根据式（4-12）和式（4-13）分别计算到车辆 Veh_j 及 Sink 节点的路径能耗 $E_{i,j}$，$E_{i,S}$。

第4步：无线传感器节点 s_i 选择能耗最小的邻居传感器节点建立网络拓扑。当无线传感器节点 s_i 比较评估的到车辆 Veh_j 及 Sink 节点的路径能耗 $E_{i,j}$、$E_{i,S}$ 满足 $E_{i,j}<E_{i,S}$ 且 Veh_j 及 Sink 节点位于无线传感器节点 s_i 两侧时，则无线传感器节点 s_i 选择传感器节点 s_{i-1} 进行拓扑重构转发数据，否则，无线传感器节点 s_i 选择传感器节点 s_{i+1} 进行拓扑重构转发数据。

4.4.6 CRSP 算法描述

基于预测的 VSNs 拓扑重构算法描述如算法 4-2 所示。首先，无线传感器节点 s_i 初始化参数 $T_{i,j}$、$T_{\mathrm{ASL},i}$，在没有车辆到达时存储采集到的数据，等待车辆的到来。当 $\mathrm{At}_{i,j}<T_{i,\mathrm{dt}}$ 且 $D_{i,S}<D_{i,\max}$ 时，即无线传感器节点 s_i 的延迟容忍时间大于车辆 Veh_j 的到达时间且无线传感器节点 s_i 的实际数据存储量 $D_{i,S}$ 小于其最大数据存储量 $D_{i,\max}$ 时，无线传感器节点 s_i 可以等待车辆 Veh_j 进入其通信范围内再进行数据传输，能够继续采集并存储数据。其次，当 $\mathrm{At}_{i,j}\geq T_{i,\mathrm{dt}}$ 或 $D_{i,S}\geq D_{i,\max}$ 时，即无线传感器节点 s_i 的延迟容忍时间小于或等于车辆 Veh_j 的到达时间或无线传感器节点 s_i 的实际数据存储量 $D_{i,S}$ 不小于其最大数据存储量 $D_{i,\max}$ 时，无线传感器节点 s_i 需要进行拓扑重构转发数据。然后，无线传感器节点 s_i 根据其到车辆 Veh_j 的路由跳数 $n_{\mathrm{hop},ij}$ 和到 Sink 节点的路由跳数 $n_{\mathrm{hop},iS}$ 计算路径能耗 $E_{i,j}$、$E_{i,S}$。最后，无线传感器节点 s_i 选择能耗评估小的邻居传感器节点进行拓扑重构转发数据。

算法 4-2　基于预测的 VSNs 拓扑重构算法（CRSP）

1: Initialize $T_{i,j}=0$, $T_{\mathrm{ASL},i}=0$
2: while (Veh$_{ij}\neq\varnothing$) do
3:　　if[($\mathrm{At}_{i,j}\leqslant T_{i,\mathrm{dt}}$)&($D_{i,S}<D_{i,\max}$)] do
4:　　　　传感器节点 $s_i\in S$（$i{:}1,2,\cdots,m$）存储采集到的数据
5:　　end if
6:　　　　if[($\mathrm{At}_{i,j}\geqslant T_{i,\mathrm{dt}}$)||($D_{i,S}\geqslant D_{i,\max}$)]then
7:　　　　　　传感器节点 s_i 计算 $E_{i,j}$ 和 $E_{i,S}$
8:　　end if
9:　　　　if[($E_{i,j}>E_{i,S}$)&(Veh$_j$ 及 Sink 节点位于无线传感器节点 s_i 两侧)]then
10:　　　　　　传感器节点 s_i 选择传感器节点 s_{i-1} 进行拓扑重构转发数据
11:　　　　end if
12:　　　　　　传感器节点 s_i 选择传感器节点 s_{i+1} 进行拓扑重构转发数据
13: end while

下一节将结合具体的仿真场景，对本章提出的 CRSR 和 CRSP 算法进行仿

真验证和分析。

4.5 实验分析

本章采用 Matlab 构建仿真场景，在该模型中，车辆传感器网络由一个 Sink 节点采集数据，采用 ZigBee 的 128kbps 802.15.4 MAC 协议。为了评估提出方案的性能，仿真中假设一条 25m（宽）×1360m（长）的公路，车辆沿着公路行驶，平均行驶速度在 5～50m/s 范围内，50 个传感器节点部署在高速公路中间的隔离带中。为了验证算法的性能，分别运行传统的方法（Traditional）、协作数据收集协议（Collaborative Data Collection Protocol，CDCP）[144]、CRSP 和 CRSP 算法，验证算法有效性并对比算法的性能。其中，传统的方法（参见文献[154]、[155]）在带状部署的无线传感器网络中拥有相同的性能，为了对比算法性能，传统的方法表示为 Traditional。CDCP 是针对 VSNs 中频繁的拓扑变化提出的一种新的多跳数据收集和传播协议，该协议的目的是在拓扑动态变化情况下从定义的地理区域内有效地收集和传播数据。在仿真中传感器节点的通信半径 $r_{c,i}$=30m，数据传输速率为 $r_{t,i}$=128kbit/s，传感器的初始能量为 ε_0=1000J，通信能耗设置为 e_{elec}=50nJ/bit，ε_{fs}=10pJ/bi/t。传感器节点单位时间采集的数据大小为 D_i=128bit/s，数据包的长度为 l_p=256bit。具体的仿真参数如表 4-2 所示。

表 4-2　VSNs 拓扑重构算法仿真参数

标识	参数名称	数值
$r_{t,i}$	无线传感器节点 s_i 的数据传输速率	128kbit/s
$r_{c,i}$	无线传感器节点 s_i 的通信半径	30m
v_j	车辆 Veh_j 的平均行驶速度	5～50m/s
D_i	传感器节点 s_i 单位时间采集的数据量	128bit/s
e_{elec}	电子设备发射或接收数据的能耗	50nJ/bit
ε_{fs}	无线天线放大器能耗	10pJ/bit
ε_0	传感器初始能量	1000J
l_p	数据包长度	256bit

图 4-7 显示了不同 α（采用车辆中继转发方式传输的数据量占总数据量的百分比）下传感器网络的单位能耗。

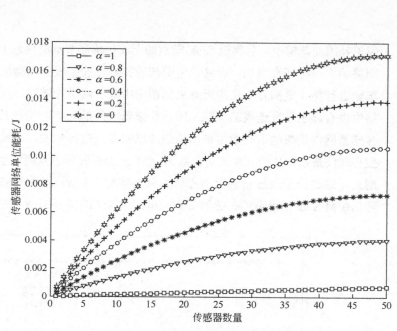

图 4-7 不同 α 下传感器网络单位能耗

随着传感器数量的增加，当 $\alpha > 0$ 时传感器网络的单位能耗都将增加，这是因为节点数量的增加，会造成无线传感器节点距离 Sink 节点的路由跳数增加，除了离 Sink 节点最远的无线传感器节点，其他传感器节点的能耗都会增加，使传感器网络的单位能耗增加。然而，α 越大，即部署在路边的无线传感器节点选择中继车辆进行拓扑重构转发的数据量越大，传感器网络的单位能耗越小。这是由于 α 越大，采用中继车辆转发的数据量越大，则在传感器网络中路由转发消耗的能量越少，因此单位能耗越小。$\alpha = 1$，说明部署在路边的无线传感器网络都选择中继车辆进行拓扑重构且采集的所有数据都由中继车辆进行转发，在路边传感器网络中没有路由转发造成的能耗，因此传感器网络的单位能耗最小。$\alpha = 0$，说明传感器网络采集的所有数据都由路边传感器节点进行转发，因此传感器网络的单位能耗最大。

图 4-8 显示了不同 α（采用车辆中继转发方式传输的数据量占总数据量的百分比）下传感器网络的生存时间。随着传感器节点数量的增加，传感器网络的生存时间都会减少，这是因为节点数量的增加会造成无线传感器节点距离 Sink 节点的路由跳数增加，从而使 Sink 节点最近的传感器能耗增加，因此传感器网络的生存时间减少。从图 4-8 可以看出，α 越大，传感器网络的生存时间越长。这是由于 α 越大，采用中继车辆转发的数据量越大，则在传感器网络中路由转

发消耗的能量越少，且靠近 Sink 节点的无线传感器节点能耗越少，因此传感器网络的生存时间会增加。$\alpha=1$，说明部署在路边的无线传感器网络都选择中继车辆进行拓扑重构且采集的所有数据都由中继车辆进行转发，在路边传感器网络中没有路由转发造成的能耗，因此传感器网络的生存时间最长。$\alpha=0$，说明传感器网络采集的所有数据都由路边传感器节点进行转发，因此传感器网络的生存时间最短。从图 4-8 还可以看出，当 $\alpha \leqslant 0.6$ 时传感器网络生存时间差别不明显。这是由于通过传感器节点转发采集数据（$1-\alpha$）很大一部分数据转发任务仍由离 Sink 节点近的传感器节点承担，这种情况当 $\alpha \geqslant 0.8$ 时有所改善。

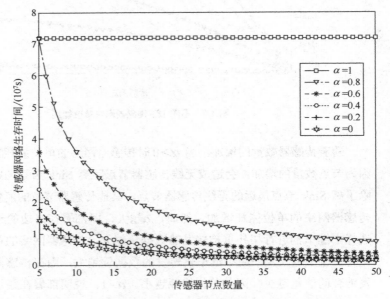

图 4-8　不同 α 下传感器网络生存时间

　　图 4-9 显示了算法在车辆平均移动速度不同情况下传感器网络的总能耗比较。在这个仿真中，传感器网络的节点数为 50，考虑了车辆在不同平均行驶速度情况下进行拓扑重构转发数据。从图 4-9 可以看出，传感器网络总能耗随着车辆的平均行驶速度的增加而减少。这是由于随着车辆平均行驶速度的增加，其穿过传感器网络的行驶时间变短，因此在传感器单位时间采集的数据量 $D_i=128$ bit/s 固定的情况下，造成传感器网络的总能耗降低。CRSR 算法的总能耗相比传统的方法平均下降 27.84%，这是因为 CRSR 算法中在车辆穿过传感器网络时传感器节点将车辆作为中继节点进行数据转发，降低了能耗。CRSR 算

法的总能耗与 CDCP 相比具有微弱的优势，这是因为 CRSR 算法在中继车辆选择时采用了负载均衡策略，且考虑了车辆的剩余带宽，主动去除了不满足传感器节点带宽需求的车辆，但 CRSR 算法提高数据转发量的能力有限，因此优势不明显。CRSP算法的总能耗相比CRSR算法和CDCP算法分别平均下降27.14%和 31.05%，这是因为 CRSP 算法采用了延迟容易的数据预存储方法，在车辆未到达传感器节点的通信范围时进行数据存储，当车辆到达时再进行拓扑重构，进而减少了数据在传感器网络中的转发，降低了能耗。

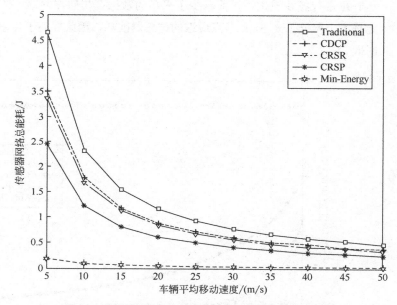

图 4-9　车辆不同平均移动速度下的传感器网络总能耗比较

图 4-10 显示了算法在传感器节点数量不同情况下传感器网络生存时间比较。随着传感器节点数量的增加，所有算法的传感器网络生存时间都会减少，这是由于传感器节点数量的增加，使无线传感器节点到 Sink 节点的路径长度增加，造成离 Sink 节点最近的传感器能耗增加，使传感器网络的生存时间减少。在理想情况下，部署在路边的无线传感器网络都选择中继车辆进行拓扑重构且采集的所有数据都由中继车辆间接或直接发送到 Sink 节点，此时传感器网络能耗最小且生存时间最长，如图 4-10 中 Min-Energy 所示。采用传统方法的传感器网络通过路由转发传输数据，其网络生存时间最短，CRSR 算法相比传统的方法，传感器网络生存时间平均提高约 1 倍，这是因为 CRSR 算法在车辆穿过传

感器网络时进行拓扑重构，此时车辆作为移动 Sink 节点进行数据传输，这在一定程度上降低了离 Sink 节点最近的传感器能耗。CRSR 算法的网络生存时间与 CDCP 相差不大，这是因为 CRSR 算法在中继车辆选择时虽然考虑了负载均衡及车辆的剩余带宽，提高了传感器节点接入的质量，但提高数据转发量的能力有限，因此优势不明显。CRSP 算法相比 CRSR 算法和 CDCP 算法，传感器网络生存时间分别平均提高了约 3.5 和 3.7 倍，这是因为 CRSP 算法采用了数据预存储的方法，在车辆未到达传感器节点的通信范围时进行数据存储，当车辆到达时再进行拓扑重构，进而减少了采集的数据在传感器网络中的转发，这在一定程度上降低了离 Sink 节点最近的传感器能耗，因此提高了传感器网络的生存时间。

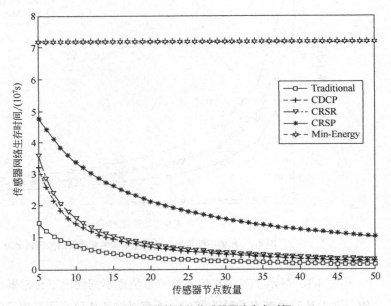

图 4-10　不同算法的传感器网络生存时间

　　图 4-11 显示了在不同延迟容忍时间情况下传感器网络的总能耗比较。随着延迟容忍时间的增加，采用传统方法的传感器网络总能耗没有变化，采用 CDCP 和 CRSR 算法的传感器网络总能耗降低不明显，而采用 CRSP 算法的传感器网络总能耗有所下降。由于传统的方法中延迟容忍时间对传感器网络的数据转发没有影响，因此其总能耗没有变化。对于 CRSR，传感器节点可以等待车辆到达其通信范围内，在一定程度上降低了网络总能耗。通过比较，发现

CRSR 算法的总能耗相比传统的方法平均下降 34.59%。而 CRSR 与 CDCP 相比，网络总能耗有微弱的优势，这是由于 CRSR 算法在中继车辆选择时考虑了负载均衡及车辆的剩余带宽，提高了传感器节点接入的质量，但提高数据转发量的能力有限，因此优势不明显。而 CRSP 算法考虑了车辆的位置及到达时间，车辆未到达之前可以作为移动 Sink 节点使传感器网络重新规划路由转发路径，进行网络拓扑重构，从而降低了网络的能耗。通过对比，发现 CRSP 算法的总能耗相比 CRSR 和 CDCP 算法分别平均下降 30.11%和 33.30%。

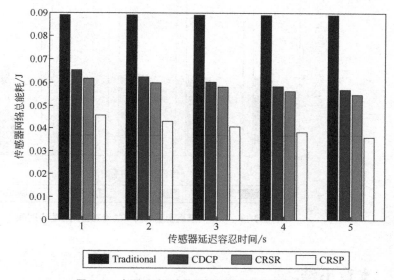

图 4-11　在不同延迟容忍时间下的传感器网络总能耗

图 4-12 显示了在不同延迟容忍时间情况下的传感器网络生存时间。随着延迟容忍时间的增加，采用传统方法的传感器网络生存时间没有变化，采用 CRSR 算法的传感器网络生存时间增加不明显，而采用 CRSP 算法的传感器网络的生存时间有所上升。由于传统的方法延迟容忍时间对传感器网络的数据转发没有影响，因此网络生存时间没有变化。对于 CRSR，传感器节点可以等待车辆到达其通信范围内，在一定程度上提高了网络的生存时间，通过对比，发现 CRSR 算法的网络的生存时间相比传统的方法平均提高了 1.22 倍。CRSR 与 CDCP 相比，网络生存时间有微弱的优势，这是由于 CRSR 算法在中继车辆选择时考虑了负载均衡及车辆的剩余带宽，提高了传感器节点接入的质量，但提

高数据转发量的能力有限，因此网络生存时间的优势不明显。而 CRSP 算法考虑了车辆的位置及到达时间，车辆未到达之前可以作为移动 Sink 节点让传感器网络进行拓扑重构，重新规划传感器网络的路由转发路径，从而提高了网络的生存时间，CRSP 算法的网络生存时间与 CRSR 及 CDCP 算法相比分别平均提高约 1.05 和 1.12 倍。

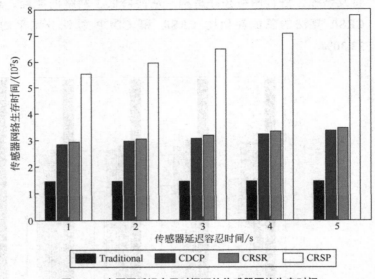

图 4-12　在不同延迟容忍时间下的传感器网络生存时间

4.6　本章小结

本章针对高速公路场景下车辆传感器网络的拓扑重构中，路边无线传感器网络拓扑重构时缺少负载均衡机制且没有考虑延迟容忍的情况，提出一种基于预测的 VSNs 拓扑重构机制。首先，对车辆传感器网络的拓扑进行分析，计算车辆在路边无线传感器节点的停留时间。其次，在路边无线传感器节点通信范围内存在多个车辆情况下根据停留时间计算引入了接入切换间隔时间。再次，针对路边无线传感器节点在选择中继车辆时的负载不均衡问题，根据接入切换间隔时间选择中继车辆进行网络拓扑重构。然后，在路边无线传感器节点通信范围内没有车辆的情况下提出了一种基于预测的 VSNs 拓扑重构算法。该算法根据车辆的平均行驶速度预测车辆到无线传感器节点通信范围的到达时间，在车辆未进入传感器节点通信范围前，采用延迟容忍的预存储机制存储采集的数据。最后，路边无线传感器节点根据车辆的位置预测和建立路径传输能耗评估模型并选择路径能耗低的邻居传感器节点重新建立网络拓扑。仿真实验表明，本书提出的基于预测的车辆传感器网络拓扑重构算法能够提高车辆传感器网络的生存时间，降低网络能耗。

第 5 章 •○

移动多媒体传感器网络的图像压缩任务协同机制

5.1　引言

第 3 章在气体泄漏监测场景下针对普通节点移动研究了移动传感器网络拓扑重构的覆盖问题。在普通传感器网络完成监测区域的覆盖后，第 4 章在高速公路场景下针对车辆作为 Sink 节点移动研究了车辆传感器网络拓扑重构的能耗及生存时间问题。在移动传感器网络完成拓扑重构后，就要根据现有的网络拓扑及特定的业务需求协作地执行预定任务。目前，监测环境的复杂性对无线传感器网络感知环境的描述能力也越来越高，因此在无线传感器网络中引入了图像、音视频等多媒体信息数据，无线多媒体传感器网络也因此应运而生[156]。然而，由于无线多媒体传感器节点能量、计算及存储能力有限，单个节点完成图像压缩任务时存在难度大、能耗高及效率低等问题，移动传感器网络节点间需要进行协同以完成复杂任务。因此，本章主要研究移动多媒体传感器网络的图像压缩任务协同机制以提高网络任务执行的效率并降低网络能耗。

无线多媒体传感器网络（WMSNs）是由装备摄像头、微型麦克风以及其他具有环境数据采集功能的传感器组成的一种新型传感器网络[68]。WMSNs 与传统的无线传感器网络相比增加了图像、音视频等多媒体信息感知功能，是一种能耗敏感的无基础设施网络。移动多媒体传感器网络（MWMSNs）是在WMSNs 的基础上加入了移动模块，将多媒体传感器节点附着在可移动对象（如野生动物、移动机器人及无人机等）上。移动多媒体传感器网络具有很大的科研价值和广泛的应用前景，可广泛应用于战场环境、智能交通、智能家居、生态环境监测（如野生动物监测及洋流监测等）及医疗健康监测等[69~72]。普通的传感器网络一般被认为无线传输的能耗较高，采集和处理的能耗可以忽略，而无线多媒体传感器网络采集的信息丰富且数据量也更大。Margi 等人[157]在 Stargate 平台上进行了无线传感器节点的能耗实验，实验结果表明，节点图像采集、快速傅里叶变换（Fast Fourier Transformation，FFT）处理及无线传输的能耗基本相当，呈"均匀"分布。因此，WMSNs 在满足较高 QoS 要求情况下还需要减少网络节点的能耗。然而，单个多媒体传感器节点数据处理能力较弱、计算资源和能量资源少，当处理图像及音视频压缩这种大的复杂任务时，就需要传感器节点之间通过协作的方式实现高效的任务处理。因此，为了合理利用 MWMSNs 中节点的有限资源，应对 MWMSNs 中大的复杂任务挑战，研究 MWMSNs 的任务协同机制具有重要的意义。

文献[158]提出了一种基于"簇"的小波变换的多节点分布式图像压缩方法，将复杂的多级小波分解在不同的"簇"内完成，这种方法能够很好地解决单个节点的能力受限问题。但是小波变换的复杂性高，处理能耗大，因此不适合应用于无线多媒体传感器网络中。文献[159]提出了多点协作的图像压缩任务方法，针对无线多媒体传感器网络中存在普通节点和相机节点的情况，提出相机节点主要进行图像采集，由相机节点的邻居普通节点进行图像编码，该方法能够延长网络生存时间，均衡网络能耗。这种方法采用重叠变换进行图像压缩，存在协同节点过少时能量消耗的不均衡问题。目前，这些方法在图像压缩任务分配时没有考虑联盟协作节点处理能力及位置的动态变化，将这些方法直接应用于移动的场景中会造成图像压缩任务频繁中断及任务数据重传的问题。因此，本章针对移动多媒体传感器网络中单个网络节点存储、处理能力和能量受限的情况对图像压缩任务进行合理的分解与分配，考虑了图像压缩任务的成本、任务执行时间和网络能耗，提出了一种基于动态联盟的图像压缩任务协同算法。仿真实验表明，所提出的算法在任务执行时间、网络能耗和负载均衡度方面具有一定的优势。

5.2　任务协同网络模型

移动多媒体传感器网络在能量受限的情况下进行图像压缩，需要采用多点协作的方式对任务进行分解分配，从而完成图像压缩任务。考虑到传感器节点的移动性，本章采用动态联盟的层次拓扑模型实现图像压缩任务协同。本章将网络中的节点分为联盟盟主节点和联盟协作节点，其中联盟盟主节点由相机节点组成，联盟协作节点由普通节点组成。联盟盟主节点主要负责图像数据的采集，并将采集到的原始图像数据发送给联盟协作节点，由联盟协作节点协同进行图像的压缩，图像压缩任务完成后将这些数据发送给 Sink 节点。

5.2.1　假设与定义

本章的假设如下。

假设 5-1　相机节点和普通节点都能够获取其邻居节点的地理位置（如通过北斗卫星导航系统、GPS 定位或其他定位方式）。

假设 5-2　相机节点和普通节点都能够移动，且都能够监测并获取其邻居节点的移动方向及速度信息。

本章的定义如下：

定义 5-1 联盟盟主节点（Union Leader Node，ULN）：主动发起任务分配的相机节点。由这些节点组成的集合称为联盟盟主节点集合（Union Leader Set，ULS）。

定义 5-2 联盟协作节点（Union Cooperative Node，UCN）：从联盟盟主节点获取任务并进行任务执行的普通节点。由这些节点组成的集合称为联盟协作节点集合（Union Cooperative Set，UCS）。

定义 5-3 任务协同联盟（Task Collaboration Union，TCU）：由 ULS 和 UCS 组成的网络。

定义 5-4 任务稳定执行时间（Task Stable Processing Time，TSPT）：在这个时间内所有联盟协作节点不会因为移动而离开联盟。

5.2.2　任务协同联盟

当相机节点 s_i 需要进行任务协同时它将作为联盟盟主节点发送任务协同请求消息 T-request（s_i）到其邻居节点。任务协同请求消息 T-request（s_i）定义为一个六元组 $< P_{i,\max}, \ C_i, \ c_{ij}, \ T_{i,j}, \ T_{i,\text{sd}}, \ \text{pr}_{ij} >$。其中：

$P_{i,\max}$ 表示联盟盟主节点 s_i 支付给联盟协作节点集合的最大费用；

C_i 表示联盟盟主节点 s_i 需要任务协同的总的图像压缩子任务数量；

c_{ij} 表示联盟盟主节点 s_i 分给联盟协作节点 s_{ij} 的图像压缩子任务数量；

$T_{i,j}$ 表示联盟协作节点 s_{ij} 完成任务 c_{ij} 的任务执行时间，联盟盟主节点 s_i 和联盟协作节点 s_{ij} 都可以获得这一时间；

$T_{i,\text{sd}}$ 表示联盟盟主节点 s_i 期望联盟协作节点 s_{ij} 完成图像压缩任务 c_{ij} 的最大时间，这里采用式（5-1）（见 5.2.3 节）计算的任务稳定执行时间表示；

pr_{ij} 表示联盟盟主节点 s_i 对联盟协作节点 s_{ij} 的惩罚率，当 $T_{ij} > T_{i,\text{sd}}$ 时，表示未能按照要求完成图像压缩任务 c_{ij}，联盟盟主节点 s_i 根据这个惩罚率 pr_{ij} 计算需要支付给联盟协作节点 s_{ij} 的费用。

任务协同联盟 TCU 的形成过程如图 5-1 所示。传感器节点 s_i 发送任务协同请求消息 C-request（s_i）到其邻居节点 $s_{i,1}$，$s_{i,2}$，$s_{i,3}$，$s_{i,4}$。节点 $s_{i,1}$，$s_{i,2}$，$s_{i,3}$，$s_{i,4}$ 收到消息后根据自身电量、计算能力、任务数量、成本及任务完成时间等因素考虑是否加入联盟中。节点 $s_{i,3}$，$s_{i,4}$ 通过评估自身能力拒绝加入该联盟，则发送 Creject 消息，而节点 $s_{i,1}$，$s_{i,2}$ 愿意加入该联盟，则分别发送协同回复消息 C-accept1 和 C-accept2 消息。协同回复消息 C-accept 定义为一个五元组 $<p_{j,0}$, $c_{j,\max}$, t_{cj}, v_{ij}, $l_{ij}>$，其中：

$p_{j,0}$ 表示联盟协作节点 s_{ij} 根据自身资源（包括能耗、电量及计算等资源）状况评估完成一个图像压缩子任务的成本；

$c_{j,\max}$ 表示联盟协作节点 s_{ij} 能够完成的最大图像压缩子任务数量；

t_{cj} 表示联盟协作节点 s_{ij} 自己评估的完成一个图像压缩子任务的时间；

v_{ij} 表示联盟协作节点 s_{ij} 的平均移动速度；

l_{ij} 表示联盟协作节点 s_{ij} 的地理位置。

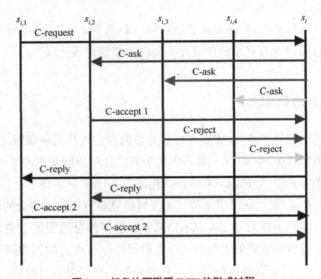

图 5-1　任务协同联盟 TCU 的形成过程

最终任务协同联盟 TCU 由相机节点 s_i 及传感器节点 $s_{i,1}$，$s_{i,2}$ 组成。如果所有传感器节点都拒绝加入任务协同联盟 TCU，则 TCU 中只有 s_i，而相机节点 s_i 需要独自完成该任务。

5.2.3　任务协同网络拓扑结构

图像压缩任务协同网络拓扑如图 5-2 所示。假设图像压缩任务协同网络中联盟盟主节点集合为 $s_I=\{s_i \mid i =1, 2, \cdots, m\}$，且 s_i 的联盟协作节点集合 UCS 为

$s_{iJ}=\{s_{ij}\,|\,j=1,\ 2,\ \cdots,\ n\}$，其中联盟盟主节点 $s_i\in s_1$，联盟协作节点 $s_{ij}\in s_{i,J}$。联盟盟主节点 s_i 的通信半径为 $r_{c,i}$，联盟协作节点 s_{ij} 的通信半径为 $r_{c,ij}$。联盟盟主节点 s_i 与其联盟协作节点之间的欧氏距离为 $\xi(s_i,\ s_{iJ})$。联盟盟主节点 s_i 的位置为 $l_i=(x_i,\ y_i)$，联盟协作节点 s_{ij} 的位置为 $l_{ij}=(x_j,\ y_j)$，联盟盟主节点 s_i 的平均移动速度为 v_i，联盟协作节点 s_{ij} 的平均移动速度为 v_{ij}，联盟盟主节点 s_i 与其联盟协作节点之间的相对平均移动速度为 $v_{i,ij}$，相对方向夹角为 θ。

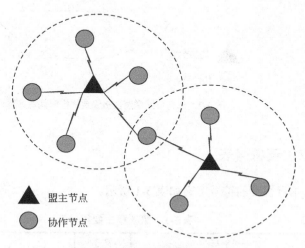

盟主节点

协作节点

图5-2　任务协同联盟网络拓扑结构

任务协同联盟（s_i, s_{iJ}）的任务稳定执行时间 $T_{i,\mathrm{sd}}$ 的计算示意图如图 5-3 所示，具体的计算如式（5-1）所示。

$$T_{i,\mathrm{sd}}=\min_{j=1}^{n}\left[\dfrac{\sqrt{r_{c,i}^{\,2}-\xi\left(s_i,s_{ij}\right)^2\sin^2\theta}+\xi\left(s_i,s_{ij}\right)\cos\theta}{v_{i,ij}}\right] \tag{5-1}$$

式中，$\xi\left(s_i,s_{ij}\right)=\sqrt{\left(x_i-x_j\right)^2+\left(y_i-y_j\right)^2}$。图 5-3 中实线箭头分别表示联盟盟主节点和联盟协作节点的平均移动速度和方向，虚线箭头表示联盟盟主节点 s_i 与其联盟协作节点 s_{ij} 之间的相对平均移动速度为 $v_{i,ij}$，相对方向为 θ。则图中联盟协作节点 s_{ij} 离开联盟盟主节点 s_i 的通信范围所移动距离，即线段 $s_{ij}s_{ib}$ 的长度。因此，联盟盟主节点 s_i 能够计算出联盟协作节点 s_{ij} 在联盟盟主节点 s_i 的通信范围内的停留时间，进而可以求得任务协同联盟（s_i, s_{iJ}）的任务稳定执行时间 $T_{i,\mathrm{sd}}$。

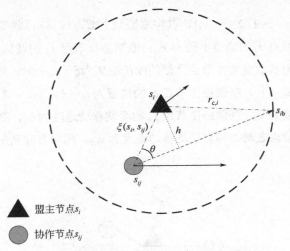

盟主节点s_i

协作节点s_{ij}

图 5-3　任务协同联盟任务稳定执行时间的计算示意图

5.2.4　本章主要符号表

本章主要的符号定义如表 5-1 所示。

表 5-1　第 5 章主要符号表

符号	符号解释	符号	符号解释
s_i	编号为 i 的联盟盟主节点	s_{ij}	联盟盟主节点为 s_i 的联盟中编号为 j 的联盟协作节点
m	联盟盟主节点数量	n	联盟协作节点的数量
s_I	联盟盟主节点集合	s_{iI}	联盟协作节点集合
$r_{c,i}$	联盟盟主节点 s_i 的通信半径	$r_{c,ij}$	联盟协作节点 s_{ij} 的通信半径
l_i	联盟盟主节点 s_i 的地理位置	l_{ij}	联盟协作节点 s_{ij} 的地理位置
v_i	联盟盟主节点 s_i 的平均移动速度	v_{ij}	联盟协作节点 s_{ij} 的平均移动速度
$v_{i,ij}$	联盟盟主节点 s_i 与其联盟协作节点 s_{ij} 的相对平均移动速度	$\xi(s_i,s_{iI})$	联盟盟主节点 s_i 与其联盟协作节点 s_{ij} 的欧氏距离
$P_{i,max}$	联盟盟主节点 s_i 支付给联盟协作节点集合的最大费用	$^{(k)}p_{i,max}$	联盟盟主节点在第 k 次生成联盟为任务 $^{(k)}C_k$ 支付的总费用
θ	联盟盟主节点 s_i 与联盟协作节点 s_{ij} 之间相对方向的夹角	pr_{ij}	联盟盟主节点 s_i 对联盟协作节点 s_{ij} 的惩罚率
$p_{j,0}$	联盟协作节点 s_{ij} 自身评估的完成一个图像压缩子任务的成本	$^{(k)}p_{j,0}$	第 k 次生成联盟的联盟协作节点 s_{ij} 评估完成一个图像压缩子任务的成本
$^{(k)}P_{I,0}$	第 k 次生成联盟的所有联盟协作节点评估完成一个图像压缩子任务的成本向量	$c_{j,max}$	联盟协作节点 s_{ij} 能够完成的最大图像压缩子任务数量

符号	符号解释	符号	符号解释
A	$m \times n$ 矩阵	U	$m \times m$ 的正交矩阵
V	$n \times n$ 的正交矩阵	Σ	$m \times n$ 的奇异对角矩阵
σ	奇异对角矩阵的奇异值	r	矩阵 A 的秩
ρ	图像压缩率	t	梯度下降法迭代次数
$T_{i,\mathrm{sd}}$	任务协同联盟（s_i, s_{il}）的任务稳定执行时间	$^{(k)}T_{i,\mathrm{sd}}$	第 k 次生成联盟（s_i, s_{il}）的图像压缩任务稳定执行时间
$t_{c,j}$	联盟协作节点 s_{ij} 自己评估的完成一个图像压缩子任务的任务执行时间	$^{(k)}t_{c,j}$	第 k 次生成联盟的联盟协作节点 s_{ij} 处理一个图像压缩子任务的时间
c_{ij}	联盟主节点 s_i 分给联盟协作节点 s_{ij} 的图像压缩子任务数量	$^{(k)}c_{ij}$	第 k 次生成联盟时主节点 s_i 分配给联盟协作节点 s_{ij} 的图像压缩子任务量
$T_{i,j}$	联盟协作节点 s_{ij} 完成图像压缩子任务（数量 c_{ij}）的任务执行时间	$^{(k)}T_{ij}$	联盟协作节点 s_{ij} 在第 k 次生成联盟时完成图像压缩子任务（数量 $^{(k)}c_{ij}$）的任务执行时间
$T_{i,J}$	联盟协作节点集合 s_{il} 计算的完成图像压缩任务 C_i 的总时间	T'_{il}	联盟协作节点集合 s_{il} 实际完成图像压缩任务 C_i 的总时间
$^{(k)}U_{i,J}$	联盟协作节点集合 s_{il} 在第 k 次生成联盟时的效用函数	$^{(k)}u_j$	联盟协作节点 s_{ij} 在第 k 次生成联盟时的效用函数
C_i	联盟主节点 s_i 需要任务协同的总图像压缩子任务数量	$^{(k)}C_i$	联盟主节点 s_i 第 k 次生成联盟需要任务协同的总图像压缩子任务数量
$^{(k)}C_{il}$	第 k 次生成联盟的给其所有联盟协作节点分配的最大图像压缩子任务数量	$^{(k)}n$	第 k 次生成联盟的联盟协作节点的数量
E_j	联盟协作节点 s_{ij} 的能耗	$^{(k)}E_A$	第 k 次生成联盟的所有联盟协作节点完成任务 $^{(k)}c_{ij}$ 的平均能耗
$^{(k)}E'_j$	第 k 次生成联盟的联盟协作节点 s_{ij} 完成任务 $^{(k)}c_{ij}$ 的能耗实际值	$^{(k)}E_j$	第 k 次生成联盟的联盟协作节点 s_{ij} 完成任务 $^{(k)}c_{ij}$ 无量纲后能耗值
$E_{\mathrm{pro},j}$	联盟协作节点 s_{ij} 进行图像压缩任务处理能耗	$E_{T,j}$	联盟协作节点 s_{ij} 进行图像压缩任务传输能耗
$D_{c,j}$	分配给联盟协作节点 s_{ij} 的一个图像传输子任务的数据长度	$e_{c,j}$	联盟协作节点 s_{ij} 处理一个图像压缩子任务的能耗
L_b	网络任务负载均衡度	$^{(k)}L_b$	第 k 次生成联盟的网络任务负载均衡度
C_N	联盟协作节点的图像压缩任务分配子任务向量（$c_{i1}, c_{i2}, \cdots, c_{in}$）	$^{(k)}C_N$	联盟协作节点在第 k 次生成联盟中分配的图像压缩子任务向量（$^{(k)}c_{i1}, ^{(k)}c_{i2}, \cdots, ^{(k)}c_{in}$）
P_S	联盟主节点 s_i 为任务 C_i 支付的总费用	P_n	联盟协作节点完成一个图像压缩子任务的单位收益向量（$p_1, p_2, \cdots, p_n$）
$p_j^{(t)}$	联盟主节点 s_i 第 t 次迭代计算的联盟协作节点 s_{ij} 完成一个图像压缩子任务的成本	$^{(k)}p_j^{(t)}$	第 k 次生成联盟联盟主节点 s_i 第 t 次迭代计算的联盟协作节点 s_{ij} 完成一个图像压缩子任务的成本

符号	符号解释	符号	符号解释
$^{(k)}p_j{}^{(k)}c_{ij}$	第 k 次建立联盟中联盟协作节点 s_{ij} 完成任务 $^{(k)}c_{ij}$ 的收益	$^{(k)}p_j$	第 k 次生成联盟的联盟协作节点 s_{ij} 完成一个图像压缩子任务的成本
$e_{c,j}$	联盟协作节点 s_{ij} 处理一个图像压缩子任务的能耗	Δ_t	梯度下降的迭代步长
N	传感器节点完成一个图像压缩子任务所占用的时钟周期数	C_T	传感器节点的周期转换电容
V_{dd}	传感器节点的处理器供电电压	$r_{i,j}$	联盟协作节点 s_{ij} 的传输速率
h_z	传感器节点的数据包首部长度	l_z	传感器节点的数据包长度
e_{elec}	电子设备发射或接收数据的能耗	ε_{fs}	无线天线放大器的能耗
ε_0	传感器节点的初始能量	ε	梯度下降法初始化的效用函数最大误差值

5.3 基于 TSPT 的多轮图像压缩任务协同分解机制

由于相机节点和普通节点的移动性，节点离开或加入任务协同联盟会影响图像压缩任务的执行效率。本节根据上述的任务稳定执行时间 TSPT 设计了一种多轮图像任务分解机制。

5.3.1 任务分解原则

在复杂任务分解过程中，需要明确任务的执行条件。复杂任务划分为多个简单的子任务时，子任务之间既独立又相互耦合[160]。当子任务个数太少时，由于分解的粒度不够，仍然需要较多的资源，执行难度较大，影响执行效率；当子任务个数太多时，执行结果的汇总难度增加，也会影响任务执行效率。因此，为了提高任务执行的效率，在任务分解过程中需要遵循一定的原则进行分解，主要的分解原则包括：独立性、分层、还原性、均衡性和终止性[161]。

（1）独立性原则

独立性原则是指传感器节点应能独立完成分解后的子任务而不依赖其他传感器节点辅助完成。具备完成任务的独立性，能提高任务处理的并行性，还能够减少传感器节点之间的通信，能够减少通信开销，提高任务执行效率。

（2）分层原则

分层原则是指在进行复杂任务分解时应先将其分解成中度复杂的任务，最后将中度复杂任务分解为复杂度较低的任务。由于无线传感器节点的计算能力及资源占用情况不同，可以执行的任务层次也不一样，分层分解能够有效利用无线传感器节点的资源。

（3）还原性原则

还原性原则是指将复杂任务分解为多个子任务后，各子任务的执行结果应该与单独执行该复杂任务的结果一致，即复杂任务可以由各子任务还原。任务的还原性可以保证任务分解的正确性，当分解后的任务与复杂任务执行结果不一致时，说明没有达到任务分解的目的。

（4）均衡性原则

均衡性原则是指复杂任务分解成多个子任务的过程中，这些子任务的粒度不能有太大的差距。虽然无线传感器网络的节点执行能力不同，网络通信环境有差异，但是如果子任务粒度差异较大，会造成节点执行时间有长有短，影响任务执行的并行性。因此，在任务分解时需要考虑均衡性。

（5）终止性原则

终止性原则是指子任务在按照层次分解时，若子任务能够被传感器节点单独执行则应终止分解。考虑到无线传感器网络中节点的通信和计算能力的不同，各任务分解的终止条件也应不同。

5.3.2　任务分解约束

移动传感器网络与其他拥有固定基础设施的通信网络相比，网络通信能力有限，不能仅为了降低任务复杂度而无限度地对任务进行分解，否则会浪费传感器网络的宝贵的能量、计算和通信资源，甚至会由于网络环境和通信资源的限制产生大量无法执行的"滞后任务"，影响任务执行的效率。但是所分解的子任务也应满足以下主要的客观约束。

① 时序约束：任务 a_i 的执行时间先于任务 a_j，则在任务开始时需要优先执行任务 a_i，再执行任务 a_j。

② 同步约束：任务 a_i 和任务 a_j 没有时序约束同时也没有信息交互，则能够同时执行。

③ 串行约束：任务 a_i 和任务 a_j 必须按顺序逐个执行，任务 a_i 完成是任务 a_j

开始的前提。

④ 父子约束：任务 a_i 由 n 个（$n>2$）子任务组成，n 个子任务执行完成说明父任务执行完成。

⑤ 耦合约束：任务 a_i 和任务 a_j 需要信息交互，且互为任务执行的前提条件。

5.3.3 奇异值分解的图像压缩方法

本书的研究内容主要针对图像压缩任务的协同分解分配，图像压缩方法不是本书研究的重点，因此在图像压缩时采用了文献[162]提出的高效的奇异值分解的图像压缩方法，下面对奇异值分解图像方法进行简要的介绍。

奇异值分解（Singular Value Decomposition，SVD）图像方法由于适合分块而受到广泛关注[162]。SVD 方法是一种应用于矩阵的常用数值分析工具[163]。对于任意的矩阵 A（$m \times n$）的分解如下：

$$A = U \sum V^T \tag{5-2}$$

式中，U 为 $m \times m$ 的正交矩阵，其列向量为左奇异向量；V 是 $n \times n$ 的正交矩阵，其列向量为右奇异向量；$\sum$ 为 $m \times n$ 的奇异对角矩阵，其对角线上的值为奇异值，对角线以外的值均为零，且可以通过式（5-3）表示。

$$\sum = \begin{bmatrix} \sum_1 & 0 \\ 0 & 0 \end{bmatrix} \begin{matrix} r \\ m-r \end{matrix} \tag{5-3}$$
$$\begin{matrix} r & n-r \end{matrix}$$

式中，$\sum_1$ 为对角矩阵，且 $\sum_1 = \mathrm{diag}(\sigma_1, \sigma_2, \cdots, \sigma_r)$。其中 $\sigma_1 \geqslant \sigma_2 \geqslant \cdots \geqslant \sigma_r > 0$，$\sigma$ 是奇异值，r 是矩阵 A 的秩。σ 与特征值类似，减小较快。通常情况下，前 10%（甚至 1%）的奇异值占据了全部奇异值之和的 99% 以上。因此，可以用前 k 个奇异值来近似描述该矩阵。数字图像具有矩阵结构的性质，可将 SVD 方法应用于图像压缩。由此可知，图像压缩率为 ρ：

$$\rho = \frac{mn}{k(m+n+1)} \tag{5-4}$$

5.3.4 基于 TSPT 的多轮图像压缩任务协同分解算法

移动多媒体传感器网络与其他拥有固定基础设施的通信网络相比，在进行任务执行时，节点移动而造成的频繁离开和加入任务协同联盟会浪费有限的资源，会出现图像压缩任务中断，造成任务数据重传的问题，影响任务协同的效率。尤其是在压缩任务较大时，将该任务一次性分配给节点，当传感器节点由于移动而不能及时完成数据传输及分配的任务时，会发生数据传输中断，需要进行图像压缩任务数据重传，浪费有限的通信及计算资源。因此，本书在进行任务分解时采用多轮的机制，除了考虑上述约束，还考虑了任务稳定执行时间。

根据时序约束，在进行图像压缩任务协同时联盟盟主节点 s_i 应先将图像压缩数据传输到联盟协作节点，然后再进行图像压缩。因此，本章将图像压缩任务分解为图像传输子任务和图像压缩子任务。设联盟盟主节点 s_i 分配给联盟协作节点 s_{ij} 的图像传输子任务数量为 c_{ij}，假设一个图像传输子任务的数据长度为 $D_{i,j}$，则分配联盟协作节点 s_{ij} 图像传输子任务数据大小为 $c_{ij}D_{i,j}$。当联盟协作节点 s_{ij} 收到来自联盟盟主节点的 c_{ij} 个图像传输子任务时，则联盟协作节点 s_{ij} 收到的图像压缩子任务数量也为 c_{ij}。根据联盟协作节点 s_{ij} 完成图像传输子任务（数量 c_{ij}）及完成图像压缩子任务（数量 c_{ij}）的时间之和与任务协同联盟（s_i，s_{ij}）的任务稳定执行时间 $T_{i,sd}$ 相等可以求解 c_{ij}，即 $c_{ij}D_{i,1}/r_{t,i} + c_{ij}t_{c,1} = T_{i,sd}$。任务协同时联盟盟主节点 s_i 评估在任务稳定执行时间内分配给联盟协作节点 s_{ij} 的图像压缩子任务数量 c_{ij} 的公式如下(式中的"$\lfloor\ \rfloor$"为向下取整符号)：

$$c_{ij} = \begin{cases} \left\lfloor \dfrac{T_{i,sd}r_{t,i}}{D_{i,1}+t_{c,1}r_{t,i}} \right\rfloor & j=1 \\ \left\lfloor \left(T_{i,sd} - \sum_{j=1}^{j-1} \dfrac{T_{i,sd}}{D_{i,j}+t_{c,j}r_{t,i}} \right) r_{t,i} \Big/ \left(D_{i,j}+t_{c,j}r_{t,i} \right) \right\rfloor & 1<j\leqslant n \end{cases} \tag{5-5}$$

式中，c_{ij} 为分配给联盟协作节点 s_{ij} 的图像压缩子任务数量；$T_{i,sd}$ 为任务协同联盟（s_i，s_{ij}）的任务稳定执行时间；$r_{t,i}$ 为联盟盟主节点 s_i 的数据传输速率；$t_{c,j}$ 为联盟协作节点 s_{ij} 处理一个图像压缩子任务的时间，该时间由联盟建立时联盟协作节点 s_{ij} 根据自身能力评估后发送给联盟盟主节点 s_i。当联盟盟主节点 s_i 建立联盟后，首先根据收到的联盟协作节点处理一个图像压缩子任务的时间大小，按照升序对联盟协作节点进行排序。然后，考虑到图像传输子任务执行的时序性，根据式（5-5）计算第一个联盟协作节点 s_{i1}（处理一个图像压缩子任务的时间最小的联盟协作节点）的图像压缩子任务数量 c_{i1}。最后，根据顺序依次计算联盟协作节点 s_{i1} 到 s_{in} 的图像压缩子任务数量。

当 $\sum_{j=1}^{n} c_{ij} < C_i$ 时，即联盟协作节点在一个任务稳定时间中不能执行完成时，则需要对任务进行分解。其中，C_i 是联盟盟主节点 s_i 需要传输的总的图像压缩

子任务数量。本书中任务分解是基于任务稳定执行时间采用多轮的方法对任务按照时序约束进行分解。假设第 k 次生成联盟的图像压缩任务稳定执行时间为 $^{(k)}T_{i,\text{sd}}$，第 k 次生成联盟的联盟协作节点 s_{ij} 处理一个图像压缩子任务的时间为 $^{(k)}t_{c,j}$。因此，第 k 次生成联盟的盟主节点 s_i 分配给联盟协作节点 s_{ij} 的图像压缩子任务量为 $^{(k)}c_{ij}$，且 $^{(k)}c_{ij}$ 的计算如式（5-6）所示。

$$^{(k)}c_{ij}=\begin{cases}\left\lfloor\dfrac{^{(k)}T_{i,\text{sd}}r_{\text{t},i}}{D_{i,1}+{}^{(k)}t_{c,1}r_{\text{t},i}}\right\rfloor & j=1\\[4mm]\left\lfloor\left[{}^{(k)}T_{i,\text{sd}}-\sum_{j=1}^{j-1}\dfrac{^{(k)}T_{i,\text{sd}}}{D_{i,j}+{}^{(k)}t_{c,j}r_{\text{t},i}}\right]r_{\text{t},i}\middle/\left[D_{i,j}+{}^{(k)}t_{c,j}r_{\text{t},i}\right]\right\rfloor & 1<j\leq n\end{cases}\tag{5-6}$$

第 k 次生成联盟的盟主节点 s_i 给其所有联盟协作节点分配的最大图像压缩子任务数量 $^{(k)}C_{ij}$ 为：

$$^{(k)}C_{ij}=\sum_{j=1}^{n}{}^{(k)}c_{ij}\tag{5-7}$$

当 $\sum_{j=1}^{n}c_{ij}\geq C_i$ 时，即联盟协作节点在一个任务稳定时间中就可以执行完成，且评估的任务执行时间 $T_{i,\text{J}}$ 应小于或等于任务稳定执行时间 $T_{i,\text{sd}}$。此时，联盟盟主节点 s_i 可以根据式（5-8）计算联盟盟主节点 s_i 评估的任务执行时间 $T_{i,\text{J}}$，然后可将式（5-5）中的 $T_{i,\text{sd}}$ 替换成 $T_{i,\text{J}}$，重新计算分配给联盟协作节点 s_{ij} 的图像压缩子任务数量 c_{ij}。

$$T_{i,\text{J}}=T_{i,\text{sd}}C_i\middle/\sum_{j=1}^{n}c_{ij}\tag{5-8}$$

5.3.5　算法描述

根据上述任务分解的约束和应遵循的原则，本书提出的基于 TSPT 的图像压缩任务分解算法如算法 5-1 所示，具体步骤如下（其中 $T_{\text{sd},ij}$ 表示联盟协作节点 s_{ij} 在联盟盟主节点 s_i 通信范围内的停留时间）。

算法 5-1　基于 TSPT 的多轮任务分解算法（T-MTDA）

1: Initialize $< P_{i,\max}, C, c_{i,j}, T_{i,j}, T_{\text{sd},ij}, \text{pr}_{ij} >$
2:　　　　联盟盟主节点 s_i 发送 $< P_{i,\max}, C_i, c_{i,j}, T_{i,j}, T_{\text{sd},ij}, \text{pr}_{ij} >$ 到联盟协作节点 s_{ij}
3:　　　　联盟协作节点 s_{ij} 发送处理一个图像压缩子任务的执行时间 $t_{c,j}$ 到 s_i
4: for (k=1; k++; $k \leq a$) do

5:	联盟盟主节点 s_i 根据式（5-1）计算任务稳定执行时间
6:	if$\left(\sum_{j=1}^{n}c_{ij}\geq C_i\right)$do
7:	联盟盟主节点 s_i 根据式（5-8）计算任务执行时间 T_{iJ}
8:	联盟盟主节点 s_i 将式（5-5）的 $T_{i,sd}$ 替换成 $T_{i,J}$，重新计算 s_{ij} 的 c_{ij}
9:	end if
10:	联盟盟主节点 s_i 根据式（5-6）计算第 k 次生成联盟 s_{ij} 的 $^{(k)}c_{ij}$
11:	if$\left[\sum_{j=1}^{n}{}^{(k)}c_{ij}>C_i-\sum_{k=1}^{k}{}^{(k-1)}C_i\right]$do
12:	联盟盟主节点 s_i 根据 $^{(k)}T_{i,J}={}^{(k)}T_{i,sd}C_i\Big/\sum_{j=1}^{n}{}^{(k)}c_{ij}$ 计算第 k 次生成联盟的
	任务执行时间$^{(k)}T_{i,J}$
13:	联盟盟主节点 s_i 将式（5-6）的 $^{(k)}T_{i,sd}$ 替换成 $^{(k)}T_{i,J}$，重新计算 s_{ij} 的 $^{(k)}c_{ij}$
14:	end if
15: end for	

第1步：联盟盟主节点 s_i 需要图像压缩任务协同时，发送包括<$P_{i,max}$，C，$c_{i,j}$，$T_{i,j}$，$T_{sd,ij}$，pr_{ij}>的任务协同请求消息 C-request（s_i）到联盟协作节点集合 s_{iJ}。

第2步：联盟协作传感器节点集合 s_{iJ} 收到任务协同请求消息 C-request（s_i）后，根据自身电量、计算能力及现有任务量评估处理一个图像压缩子任务的时间 $t_{c,j}$，并将包含该时间的协同回复消息 C-accept（s_{ij}）发送给联盟盟主节点 s_i；

第 3 步：联盟盟主节点 s_i 根据联盟协作节点的位置、移动速度等信息采用式（5-1）计算任务稳定执行时间，并根据收到的联盟协作节点处理一个图像压缩子任务的时间大小按照升序对联盟协作节点进行排序。当 $\sum_{j=1}^{n}c_{ij}\geq C_i$（即在一轮任务稳定执行时间中就可以完成该任务 C_i）时进入到第 4 步，否则进入到第 5 步；

第 4 步：联盟盟主节点 s_i 根据式（5-8）计算联盟盟主节点 s_i 评估的任务执行时间 $T_{i,J}$，然后将式（5-5）中的 $T_{i,sd}$ 替换成 $T_{i,J}$，重新计算分配给联盟协作节点 s_{ij} 的图像压缩子任务数量 c_{ij}，算法结束。

第 5 步：联盟盟主节点 s_i 根据式（5-6）计算第 k 次生成联盟的盟主节点 s_i 给联盟协作节点 s_{ij} 的图像压缩子任务数量$^{(k)}c_{ij}$，并根据式（5-7）计算第 k 次生成联盟的盟主节点 s_i 给其联盟协作节点集合 s_{iJ} 分解的最大图像压缩子任务数量 $^{(k)}C_{iJ}$。

第 6 步：如果 $\sum\limits_{j=1}^{n}{}^{(k)}c_{ij} < C_i - \sum\limits_{k=1}^{k}{}^{(k-1)}C_i$，说明在第 k 轮仍不能完成图像压缩

任务，则第 k 次生成联盟分解的图像压缩任务完成后，返回第 1 步，建立第 $k+1$
次的任务协同联盟，并计算第 $k+1$ 次生成联盟的盟主节点 s_i 给联盟协作节点 s_{ij}
的图像压缩子任务数量${}^{(k+1)}c_{ij}$，否则进入第 7 步；

第 7 步：联盟盟主节点 s_i 根据 ${}^{(k)}T_{i,\text{J}} = {}^{(k)}T_{i,\text{sd}}C_i \Big/ \sum\limits_{j=1}^{n}{}^{(k)}c_{ij}$ 计算第 k 次生成联盟

的任务执行时间${}^{(k)}T_{i,\text{J}}$，然后根据式（5-6）重新计算第 k 次生成联盟的盟主节点
s_i 分解给联盟协作节点 s_{ij} 的图像压缩子任务数量${}^{(k)}c_{ij}$，算法结束。

联盟盟主节点在根据任务稳定执行时间进行图像压缩任务分解后，将在每
一轮的任务执行时间内进行图像压缩任务分配，见 5.4 节。

5.4 基于动态联盟的图像压缩任务协同分配机制

在这个阶段，将进行图像压缩任务分配，本节中提出的任务分配算法由联
盟协作节点的收益、任务执行时间、网络能耗和负载均衡度决定，采用动态联
盟的方式进行图像压缩任务分配。

5.4.1 图像压缩任务分配指标

本书将图像压缩任务执行时间、网络能耗和负载均衡度作为移动多媒体传
感器网络图像压缩任务分配的评价指标。

（1）图像压缩任务执行时间

$T_{i,j}$ 表示图像压缩子任务数量为 c_{ij} 的任务联盟协作节点 s_{ij} 上的执行时间。
$T_{i,j}$ 可用式（5-9）表示。

$$T_{i,j} = c_{ij}t_{c,j} \tag{5-9}$$

式中，$t_{c,j}$ 为联盟协作节点 s_{ij} 处理一个图像压缩子任务的执行时间。

（2）网络能耗

联盟协作节点 s_{ij} 的能耗 E_j 包括：图像压缩任务处理能耗 $E_{\text{pro},j}$ 和图像压缩
任务传输能耗 $E_{T,j}$。设 $e_{c,j}$ 为联盟协作节点 s_{ij} 处理一个图像压缩子任务的能耗，
则处理该任务的能耗为：

$$E_{\text{pro},j} = c_{ij}e_{c,j} \tag{5-10}$$

通信能耗由传感器节点间的图像压缩任务协同产生。传感器节点间的通信能耗模型参考了第 4 章中的式（4-7）、式（4-8）及式（4-9），联盟协作节点 s_{ij} 接收一个图像压缩子任务及传输一个压缩后图像子任务所需的通信能耗可表示为：

$$E_{T,j} = \left[(1+\rho)D_{c,j}e_{elec} + \rho D_{c,j}\varepsilon_{fs}r_{c,j}^{\ 2} \right]c_{ij}$$

（5-11）

式中，$D_{c,j}$ 为发送一个图像传输子任务的数据长度；e_{elec} 为电子设备发射或接收数据的能耗；ε_{fs} 为无线天线放大器的能耗；$r_{c,j}$ 为联盟协作节点 s_{ij} 的通信半径；ρ 为图像压缩率。因此，联盟中节点的总能耗可表示为：

$$E_{J} = \sum_{j=1}^{n} \left(E_{T,j} + E_{pro,j} \right)$$

（5-12）

（3）负载均衡度

网络任务负载均衡度是描述传感器网络任务负载平衡程度的指标，是指所有联盟协作节点的图像压缩任务执行时间与图像压缩任务完成的总时间之间差值的变化范围。采用差值占任务完成总时间比值的均值来评估 WSNs 网络负载均衡度，差值越小则负载均衡度越高。网络任务负载均衡度 L_{b} 可定义为：

$$L_{b} = \frac{1}{n} \sum_{j=1}^{n} \frac{T'_{i,j} - T_{i,j}}{T'_{i,j}}$$

（5-13）

式中，$T'_{i,j}$ 为图像压缩任务 C_i 实际完成的总时间，且 $T'_{i,j} = \max_{i=1}^{m}(T_{i,j})$；$T_{i,j}$ 为联盟协作节点 s_{ij} 的完成图像压缩子任务（数量 c_{ij}）的时间。

5.4.2 问题模型

由于传感器节点的电量、计算能力及资源使用情况不同，因此进行图像压缩任务的成本也不同。为保证图像压缩任务的完成满足联盟盟主节点的要求，合理地分配图像压缩任务是本节研究的重点。对于联盟盟主节点来说，联盟协作节点的能耗及获得收益越低越好，而任务均衡度越高越好。

假设联盟盟主节点 s_i 分配的总图像压缩任务大小为 C_i，任务协同联盟的联盟协作节点集合为 s_{ij}={s_{i1}, s_{i2}, …, s_{in}}，联盟协作节点的图像压缩任务分配向量为 C_N=（c_{i1}, c_{i2}, …, c_{in}），P_n=（p_1, p_2, …, p_n）为联盟协作节点完成一个图像压缩子任务的成本向量，其中联盟协作节点集合 s_{ij} 在第 k 次生成联盟中的效用函数为 $^{(k)}U_{i,j}$。设第 k 次生成联盟的联盟协作节点完成图像压缩子任务（数量$^{(k)}C_i$）的总费用为$^{(k)}P_N$，且$^{(k)}P_N = {}^{(k)}C_i P_S/C_i$，其中$P_S$为联盟盟主节点$s_i$为任务$C_i$支付的总费用，$^{(k)}C_i$是联盟盟主节点$s_i$在第$k$次生成联盟中的图像压缩子任务分配总数量。第$k$次生成联盟的联盟主节点$s_i$根据联盟协作节点集合$s_{il}$的效用函数分配给$s_{ij}$的图像压缩子任务数量为$^{(k)}c_{ij}$。在第$k$次生成联盟中的联盟协作节点分配到的图像压缩子任务数量向量为$^{(k)}C_N = ({}^{(k)}c_{i1}, {}^{(k)}c_{i2}, \cdots, {}^{(k)}c_{in})$。第$k$次生成联盟的联盟协作节点$s_{ij}$为了获取任务，向联盟盟主节点提交自身评估的完成一个图像压缩子任务的成本为$^{(k)}p_{j,0}$，联盟协作节点s_{ij}获得的图像压缩子任务数量为$^{(k)}c_{ij}$，完成该任务$^{(k)}c_{ij}$的能耗为$^{(k)}E_j$。则该任务协同联盟的问题模型如下：

$$\min_{c_j \geqslant 0} \sum_{j=1}^{n} {}^{(k)}p_j \, {}^{(k)}c_{ij} \, {}^{(k)}E_j \, {}^{(k)}L_b \tag{5-14}$$

$$\text{s.t.} \qquad \sum_{j=1}^{n} {}^{(k)}c_{ij} = {}^{(k)}C_k \tag{5-15}$$

$$\sum_{j=1}^{n} {}^{(k)}p_j \, {}^{(k)}c_{ij} \leqslant {}^{(k)}p_{i,\max} \tag{5-16}$$

$$^{(k)}c_{ij} \, {}^{(k)}t_{c,j} \leqslant {}^{(k)}T_{i,\mathrm{sd}} \tag{5-17}$$

在式（5-17）中，$^{(k)}T_{i,\mathrm{sd}}$为第k次生成联盟的图像压缩任务稳定执行时间；$^{(k)}c_{ij}{}^{(k)}t_{c,j}$为第$k$次生成联盟的联盟协作节点$s_{ij}$评估的完成图像压缩子任务数量$^{(k)}c_{ij}$的任务执行时间。在式（5-14）中联盟协作节点$s_{ij}$在第$k$次生成联盟中的效用函数为$^{(k)}u_j = {}^{(k)}p_j{}^{(k)}c_{ij}{}^{(k)}E_j{}^{(k)}L_b$，即第$k$次生成联盟的联盟协作节点$s_{ij}$完成任务$^{(k)}c_{ij}$的收益$^{(k)}p_j{}^{(k)}c_{ij}$与完成任务$^{(k)}c_{ij}$的能耗$^{(k)}E_j$及负载均衡度$^{(k)}L_b$的乘积。然而，完成任务的收益、能耗与负载均衡度的单位不同会导致分配的结果不合理，因此需要进行无量纲处理，具体的处理如式（5-18）和式（5-19）所示。

$$^{(k)}p_j \, {}^{(k)}c_{ij} = {}^{(k)}p_j' \, {}^{(k)}c_{ij} \big/ {}^{(k)}p_{i,\max} \tag{5-18}$$

式中，$^{(k)}p_j'{}^{(k)}c_{ij}$为联盟协作节点s_{ij}获得收益的实际值；$^{(k)}p_j{}^{(k)}c_{ij}$为无量纲处理后的值；$^{(k)}p_{i,\max}$为联盟盟主节点在第k次生成联盟中为任务$^{(k)}C_i$支付的总费用，其中$^{(k)}p_{i,\max} = {}^{(k)}C_i P_{i,\max}/C$。

$$^{(k)}E_j = {}^{(k)}E_j' \big/ {}^{(k)}E_A \tag{5-19}$$

式中，$^{(k)}E_j'$为联盟协作节点s_{ij}完成任务$^{(k)}c_{ij}$的能耗实际值；$^{(k)}E_j$为无量纲处理后的值；$^{(k)}E_A$为联盟协作节点完成任务$^{(k)}c_{ij}$的平均能耗，$^{(k)}E_A = \sum_{j=1}^{n} {}^{(k)}E_j \big/ {}^{(k)}n$，$^{(k)}n$是第$k$次生成联盟的联盟协作节点的数量。

5.4.3　问题求解过程

本节采用梯度下降法进行求解。构造拉格朗日函数：

$$L(C,P,\lambda,\mu)=\sum_{j=1}^{n}{}^{(k)}p_j\,{}^{(k)}E_j\,{}^{(k)}L_b-{}^{(k)}\lambda_i\left[{}^{(k)}C_i-\sum_{j=1}^{n}{}^{(k)}c_{ij}\right]-$$
$$\qquad\qquad {}^{(k)}\mu_j\left[{}^{(k)}p_{i,\max}-\sum_{j=1}^{n}{}^{(k)}p_j\,{}^{(k)}c_{ij}\right]-{}^{(k)}\delta_j\sum_{j=1}^{n}\left[{}^{(k)}T_{i,\mathrm{sd}}-{}^{(k)}c_{ij}\,t_{c,j}\right] \tag{5-20}$$

则库恩塔克（Karush-Kuhn-Tucker，KKT）条件为：

$$3^{(k)}p_j\,{}^{(k)}E_j\,{}^{(k)}L_b+{}^{(k)}\lambda_j+{}^{(k)}\mu_j\,{}^{(k)}p_j+{}^{(k)}\delta_j\left(D_{c,j}/r_{t,j}+t_{c,j}\right)=0 \tag{5-21}$$

基于 KKT 公式确定图像压缩子任务数量的分配计算公式：

$${}^{(k)}c_{ij}=\sqrt{\frac{{}^{(k)}\lambda_j+{}^{(k)}\mu_j\,{}^{(k)}p_j+{}^{(k)}\delta_j\left[{}^{(k)}D_{c,j}/r_{t,j}+t_{c,j}\right]}{3^{(k)}p_j\left[2(1+\rho)^{(k)}D_{c,j}e_{\mathrm{elec}}+\rho^{(k)}D_{c,j}\varepsilon_{\mathrm{fs}}{}^{(k)}R_{c,j}{}^2+{}^{(k)}e_{c,j}\right]{}^{(k)}t_{c,j}/{}^{(k)}T_{ij}}} \tag{5-22}$$

为求解原问题，还必须知道拉格朗日乘数向量（λ_j，μ_j，δ_j），这里通过原问题的对偶问题可以求解得到。根据拉格朗日对偶理论，其对偶问题模型为：

$$\max_{{}^{(k)}\lambda_j}{}^{(k)}\lambda_i\left[{}^{(k)}C_i-\sum_{j=1}^{n}{}^{(k)}c_{ij}\right]+\max_{{}^{(k)}\mu_j}{}^{(k)}\mu_j\left[{}^{(k)}p_{i,\max}-\sum_{j=1}^{n}{}^{(k)}p_j\,{}^{(k)}c_{ij}\right]+$$
$$\max_{{}^{(k)}\delta_j}{}^{(k)}\delta_j\sum_{j=1}^{n}\left[{}^{(k)}T_{i,\mathrm{sd}}-{}^{(k)}c_{ij}\,D_{c,j}/r_{t,j}-{}^{(k)}c_{ij}\,{}^{(k)}t_{c,j}\right] \tag{5-23}$$

对偶问题函数是可微的，运用梯度下降法调整拉格朗日乘数向量，调整拉格朗日乘数向量的公式为：

$${}^{(k)}\lambda_j^{(t+1)}=\left|{}^{(k)}\lambda_j^{(t)}+{}^{(k)}\Delta_t\left[{}^{(k)}C_k-\sum_{j=1}^{n}{}^{(k)}c_{ij}^{(t)}\right]\right| \tag{5-24}$$

$${}^{(k)}\mu_j^{(t+1)}={}^{(k)}\mu_j^{(t)}+{}^{(k)}\Delta_t\left[{}^{(k)}p_{i,\max}-\sum_{j=1}^{n}{}^{(k)}p_j^{(t)(k)}c_{ij(t)}\right] \tag{5-25}$$

$${}^{(k)}\delta_j^{(t+1)}={}^{(k)}\delta_j^{(t)}+{}^{(k)}\Delta_t\left[{}^{(k)}T_{ij}-{}^{(k)}c_{ij}^{(t)(k)}D_{c,j}/r_{t,j}-{}^{(k)}c_{ij}^{(t)(k)}t_{c,j}\right] \tag{5-26}$$

式中，t 为使用梯度下降法的迭代次数；${}^{(k)}\lambda^{(t)}$ 为第 k 次生成联盟的联盟协作节点 s_{ij} 在第 t 次迭代后的值；${}^{(k)}\mu_j^{(t)}$ 为第 k 次生成联盟的联盟协作节点 s_{ij} 在第 t 次迭代后的值；${}^{(k)}\delta_j^{(t)}$ 为第 k 次生成联盟在第 t 次迭代后的值；${}^{(k)}p_j^{(t)}$ 为第 k 次生成联盟盟主节点 s_i 在第 t 次迭代计算的 s_{ij} 完成一个图像压缩子任务的成本；${}^{(k)}p_{i,\max}$ 为第 k 次生成联盟盟主节点 s_i 能够支付的最大费用；${}^{(k)}\Delta_t$ 为第 k 次生成联盟预设的梯度下降迭代步长；$\sum_{j=1}^{n}{}^{(k)}c_{ij}^{(t)}$ 为第 k 次生成联盟在第 t 次迭代时所有分配的图像压缩子任务数量总和。

5.4.4　基于动态联盟的图像压缩任务协同分配算法

提出的基于动态联盟的图像压缩任务分配算法如算法 5-2 所示。具体的描述如下（其中 ${}^{(k)}C_j^{(t)}$ 为第 k 次生成联盟的盟主节点 s_i 在第 t 次迭代后给其所有联盟协作节点分配的最大图像压缩子任务数量）。

算法 5-2　基于动态联盟的图像压缩任务分配算法（ATDA）

1: Initialize ${}^{(k)}\lambda_j^{(t)}$, ${}^{(k)}\mu_j^{(t)}$, ${}^{(k)}\delta^{(t)}$, ${}^{(0)}\varepsilon$

2:　　盟主节点 s_i 发送图像压缩任务协同请求 $<P_{i,\max}, C_i, c_{i,j}, T_{i,j}, T_{i,\mathrm{sd}}, \mathrm{pr}_{ij}>$

3:　　协作节点 s_{ij} 收到消息后发送 $p_{j,0}$ 到联盟盟主节点 s_i

4:　　盟主节点 s_i 收到信息后建立向量 ${}^{(k)}P_{j,0} = ({}^{(k)}p_{1,0}, {}^{(k)}p_{2,0}, \cdots, {}^{(k)}p_{n,0})$

5: for $(t=1; t+=1)$ do

6:　　盟主节点 s_i 根据式（5-24）、式（5-25）及式（5-26）计算拉格朗日乘数

7:　　盟主节点 s_i 根据式（5-22）获得 ${}^{(k)}C_j^{(t)}$

8:　　$\mathrm{if}\left({}^{(k)}p_{i,\max} - \sum_{j=1}^{n} {}^{(k)}p_j^{(t)} {}^{(k)}c_{ij}^{(t)} < 0\right)$ do

9:　　　盟主节点计算联盟协作节点 s_{ij} 的图像压缩任务 ${}^{(k)}C_j^{(t)}$

10:　　　盟主节点根据计算的 ${}^{(k)}C_j^{(t)}$ 调整 ${}^{(k)}p_j^{(t+1)}$

$${}^{(k)}p_j^{(t+1)} = {}^{(k)}p_j^{(t)} + {}^{(k)}\Delta_t\left[{}^{(k)}p_{i,\max} - \sum_{i=1}^{n} {}^{(k)}p_j^{(t)} {}^{(k)}c_{ij}^{(t)}\right]\bigg/ n$$

11:　　end if

12:　　　盟主节点根据计算的 ${}^{(k)}C_j^{(t)}$ 调整 ${}^{(k)}p_j^{(t+1)}$

$${}^{(k)}p_j^{(t+1)} = {}^{(k)}p_j^{(t)} + {}^{(k)}\Delta_t\left[{}^{(k)}p_j^{(t)} - {}^{(k)}p_{j,0}\right]$$

13:　　　$\mathrm{if}\left[{}^{(k)}p_j^{(t)} {}^{(k)}c_{ij}^{(t)} {}^{(k)}E_j^{(t)} {}^{(k)}L_\mathrm{b} - {}^{(k)}p_j^{(t-1)} {}^{(k)}c_{ij}^{(t-1)} {}^{(k)}E_j^{(t-1)} L_\mathrm{b}\right] \leqslant \varepsilon$ do

14:　　　输出 ${}^{(k)}P_j^{(t)} = [{}^{(k)}p_1^{(t)}, {}^{(k)}p_2^{(t)}, \cdots, {}^{(k)}p_n^{(t)}]$ 和 ${}^{(k)}C_i^{(t)} = [{}^{(k)}c_{i1}^{(t)}, {}^{(k)}c_{i2}^{(t)}, \cdots, {}^{(k)}c_{in}^{(t)}]$

15:　　　end if

16: end for

第 1 步：初始化参数。令 $t=0$，联盟盟主节点 s_i 初始化参数为 ${}^{(k)}\lambda_j^{(0)}$、${}^{(k)}\mu_0^{(0)}$ 及 ${}^{(k)}\mu_j^{(0)}$，并向联盟中的联盟协作节点发送 $<P_{i,\max}, C_i, c_{i,j}, T_{i,j}, T_{i,\mathrm{sd}}, \mathrm{pr}_{ij}>$，联盟中的联盟协作节点收到消息后，进行初始化参数 $<{}^{(k)}p_{j,0}, {}^{(k)}c_{ij}, {}^{(k)}T_{d,j}, {}^{(k)}T_j, {}^{(k)}\mathrm{pr}_j>$，并将这些信息发送给联盟盟主节点。

第 2 步：联盟盟主节点 s_i 计算任务稳定执行时间。根据联盟协作节点的位

置、移动的相对平均速度及提供的相关信息计算任务稳定执行时间$^{(k)}T_{i,\text{sd}}$。联盟盟主节点 s_i 将初始任务分发向量设为$^{(k)}\boldsymbol{C}_i$＝（0, 0, …, 0），将初始完成一个图像压缩子任务的成本向量设为$^{(k)}\boldsymbol{P}_{J,0}$＝（$^{(k)}p_{1,0}$, $^{(k)}p_{2,0}$, …, $p_{n,0}$），其中$^{(k)}p_{j,0}$ 表示第 k 次生成联盟的联盟协作节点 s_{ij} 根据自身资源状况评估的完成一个图像压缩子任务的成本。

第 3 步：图像压缩任务分配。首先盟主节点 s_i 根据初始的任务分发向量 $^{(k)}\boldsymbol{C}_i$＝（0, 0, …, 0），运用梯度下降法根据式（5-24）、式（5-25）、式（5-26）调整$^{(k)}\lambda_i^{(t)}$, $^{(k)}\mu_i^{(t)}$, $^{(k)}\delta_i^{(t)}$。从而根据式（5-22）计算新的压缩任务分发向量$^{(k)}\boldsymbol{C}_i^{(t)}$＝[$^{(k)}c_{i1}^{(t)}$, $^{(k)}c_{i2}^{(t)}$, …, $^{(k)}c_{in}^{(t)}$]。当 $^{(k)}p_{i,\max}-\sum\limits_{j=1}^{n}p_j^{(t)}\,^{(k)}c_{ij}^{(t)}<0$ 时，即表示第 k 次生成联盟分配给联盟协作节点的任务总费用大于联盟盟主节点能够支付的最大费用，则联盟盟主节点使用公式 $^{(k)}p_j^{(t+1)}=\,^{(k)}p_j^{(t)}+$ $^{(k)}\Delta_t\left[\,^{(k)}p_{i,\max}-\sum\limits_{j=1}^{n}\,^{(k)}p_j^{(t)}\,^{(k)}c_{ij}^{(t)}\right]\Big/ n$ 降低完成一个图像压缩子任务的成本；如果 $^{(k)}p_{i,\max}-\sum\limits_{j=1}^{n}\,^{(k)}p_j^{(t)}\,^{(k)}c_{ij}^{(t)}>0$，即表示第 k 次生成联盟分配给联盟协作节点的任务总收益小于联盟盟主节点能够支付的最大费用，则联盟盟主节点使用公式 $^{(k)}p_j^{(t+1)}=\,^{(k)}p_j^{(t)}+\,^{(k)}\Delta_t\left[\,^{(k)}p_j^{(t)}-\,^{(k)}p_{j,0}\right]$ 提高完成一个图像压缩子任务的成本。

第 4 步：误差判断。当第 k 次生成联盟的所有联盟协作节点的效用函数误差 $^{(k)}p_j^{(t)}c_{ij}^{(t)}E_j^{(t)}\,^{(k)}L_{\text{b}}^{(t)}-\,^{(k)}p_j^{(t-1)}c_{ij}^{(t-1)}E_j^{(t-1)}\,^{(k)}L_{\text{b}}$ 之和小于系统初始化设定的最大误差值 ε 时，输出$^{(k)}\boldsymbol{C}_i^{(t)}$＝[$^{(k)}c_{i1}^{(t)}$, $^{(k)}c_{i2}^{(t)}$, …, $^{(k)}c_{in}^{(t)}$]和$^{(k)}\boldsymbol{P}_J^{(t)}$＝[$^{(k)}p_1^{(t)}$, $^{(k)}p_2^{(t)}$, …, $^{(k)}p_n^{(t)}$]，算法结束。其中$^{(k)}\boldsymbol{C}_i^{(t)}$＝ [$^{(k)}c_{i1}^{(t)}$, $^{(k)}c_{i2}^{(t)}$, …, $^{(k)}c_{in}^{(t)}$]为任务分配方案，$^{(k)}\boldsymbol{P}_J^{(t)}$＝[$^{(k)}p_1^{(t)}$, $^{(k)}p_2^{(t)}$, …, $^{(k)}p_n^{(t)}$]为联盟协作节点完成一个图像压缩子任务的成本方案，否则返回第 3 步继续执行。

联盟盟主节点在完成压缩任务分配后，联盟协作节点根据分配的任务进行图像压缩，并在压缩完成后传输到数据中心，最终完成图像压缩及传输任务。下一节将对本章提出的基于动态联盟的图像压缩任务分配算法进行仿真验证和分析。

5.5 实验分析

本章采用 Matlab 构建仿真场景，在该模型中，任务协同联盟由一个联盟盟主节点进行图像压缩任务的分解及分配。为了评估算法的性能，在仿真时设置联盟协作传感器节点对成本、能耗及图像压缩任务执行时间有不同的敏感度。采用 ZigBee 的 256kbps 802.15.4 MAC 协议对于无线多媒体传感器网络来说传输速率较低,不能提供令人满意的传输质量,因此本书参考文献[164]选择修改后的 802.11b 的分布式协调功能(Distributed Coordination Function,DCF)协议,数据传输速率设置为 2Mbit/s,传感器节点数据包长度为 1024B,数据包首部长度为 34B。传感器节点的通信能耗参考了文献[165]设置为 e_{elec}=50 nJ/bit,ε_{fs}=10 pJ/bit。具体的仿真参数如表 5-2 所示。假设传感器的移动速度范围是 1~5m/s,传感器节点的通信半径为 $r_{c,i}$=15m,传感器的初始能量为 ε_0=1000 kJ,任务稳定执行时间为 5s,传感器需要处理的总图像压缩子任务数量为 128 个,一个图像传输子任务的数据长度为 128×128×8bit。在采用的梯度下降方法中,假设梯度下降迭代步长 Δ_t 为 1/t(t 为迭代的次数),梯度下降法的效用函数最大误差值为 0.1。

表 5-2　WMSNs 图像压缩任务协同仿真参数

标识	参数名称	数值
$r_{t,i}$	传感器 s_i 的数据传输速率	2Mbit/s
$r_{c,i}$	传感器 s_i 的通信半径	15m
$T_{i,sd}$	任务稳定执行时间	5s
h_z	传感器数据包首部长度	34B
l_z	传感器数据包长度	1kB
C_i	传感器 s_i 需要处理的总图像压缩子任务数量	128
$D_{i,c}$	一个图像传输子任务的数据长度	128×128×8bit
$t_{c,j}$	s_{ij} 处理一个图像压缩子任务的执行时间	0.24μs
$e_{c,j}$	s_{ij} 处理一个图像压缩子任务的能耗	364.8nJ
e_{elec}	电子设备发射或接收数据的能耗	50nJ/bit
ε_{fs}	无线天线放大器能耗	10 pJ/bit
ε_0	传感器 s_{ij} 初始能量	1000 kJ
Δ_t	梯度下降法迭代步长	1/t
ε	梯度下降法的效用函数最大误差值	0.1

在本章中主要考虑数据压缩处理能耗和任务数据传输能耗。本书采用文献[68]的图像压缩算法,数据处理工作主要就是矩阵 SVD 方法分解工作,采用文

献[166，167]的数据处理能耗模型：

$$e_{c,j} = NC_T V_{dd}^2 \qquad (5\text{-}27)$$

式中，N 为完成一个图像压缩子任务所占用的时钟周期数；C_T 为周期转换电容，一般取 0.67nF；V_{dd} 处理器供电电压。根据文献[166，167]，当节点采用 StrongARM SA-1100 处理器，在 206MHz 的工作频率下进行能耗测试时，可以估测到图像奇异值分解算法中 1bit 的数据处理平均运行时钟周期为 50（clock/bit），可以计算处理 1bit 的时间约为 0.24μs，根据式（5-27）可计算得到 1bit 数据处理能耗约为 364.8nJ。

为了验证 ATDA 算法的收敛性和性能，仿真设计了两个实验。第一个实验主要验证 ATDA 算法的收敛性。第二个实验主要验证 ATDA 算法的性能，并与基于评分激励机制的任务分配算法（Task Allocation Algorithm based on Score Incentive Mechanism，TASIM）[168]和平均分配算法（Average Distribution Algorithm，ADA）进行比较。

5.5.1　ATDA 算法的收敛性分析

本小节采用五个联盟协作节点组成 TCU 来评估 ATDA 算法的性能。图 5-4（a）是 ATDA 算法在迭代增加情况下的图像压缩任务分配。初始时，联盟盟主节点 s_i 能够支付给五个联盟协作节点的最大费用 $P_{i,max}$=800。五个联盟协作节点评估的完成一个图像压缩子任务的成本分别为 $p_{1,0}$=7.52，$p_{2,0}$=8.64，$p_{3,0}$=9.60，$p_{4,0}$=10.72，$p_{5,0}$=11.84。第 1 次生成联盟盟主节点分配了大约 13 个图像压缩子任务给 UCN4 和 UCN5，分配了大约 25 个图像压缩子任务给 UCN2 和 UCN3，分配了 52 个图像压缩子任务给 UCN1。联盟协作节点的图像压缩任务分配在迭代大概 18 次时进入相对稳定状态，五个联盟协作节点的图像压缩子任务分配值分别稳定在 13、13、25、25 及 52 附近。

图 5-4（b）是 ATDA 算法在迭代增加情况下，盟主节点计算的联盟协作节点完成一个图像压缩子任务的成本。盟主节点进行图像压缩任务分配中考虑了联盟协作节点的成本、能耗及负载均衡度，因此当盟主节点进行迭代计算的图像压缩任务分配进入相对稳定状态时，其迭代计算的联盟协作节点完成一个图像压缩子任务的成本也进入相对稳定状态。在迭代大概 18 次时 UCN4 和 UCN5 完成一个图像压缩子任务的成本分别稳定在 8.96 和 9.60，在第 1 次生成联盟时

盟主节点给联盟协作节点 UCN4 和 UCN5 分配了大约 13 个图像压缩子任务。这是由于它们完成一个图像压缩子任务的成本高，因此分配的图像压缩子任务数量较少。在迭代大概 18 次时联盟协作节点 UCN1、UCN2 和 UCN3 完成一个图像压缩子任务的成本分别稳定在 4.96、5.28 和 5.6，第 1 次生成联盟时盟主节点给联盟协作节点 UCN2 和 UCN3 分配了大约 25 个图像压缩子任务，为 UCN1 分配了大约 52 个图像压缩子任务。这是由于该 UCN1 的处理速度高，完成一个图像压缩子任务的成本低，因此分配的图像压缩任务较多。

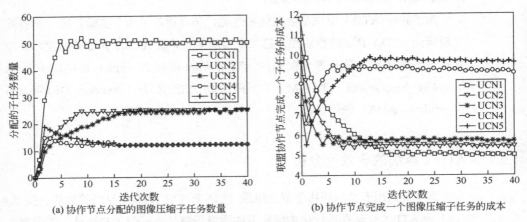

(a) 协作节点分配的图像压缩子任务数量   (b) 协作节点完成一个图像压缩子任务的成本

图 5-4　ATDA 算法迭代情况下图像压缩子任务的分配及单个子任务的成本

5.5.2　ATDA 算法的性能分析

图 5-5（a）是五个联盟协作节点采用 ATDA、TASIM 和 ADA 算法分配的图像压缩任务比较。ADA 算法平均分配图像压缩任务，因此五个联盟协作节点的图像压缩子任务数量相同。TASIM 算法根据节点的信誉值及能耗采用权值分配图像压缩任务，因此图像压缩任务分配较为均匀。ATDA 算法根据联盟协作节点完成一个图像压缩子任务的成本、能耗及完成时间进行图像压缩分配。由于考虑了联盟协作节点的移动性，因此 ATDA 算法的图像压缩任务分配偏向于成本低、能耗低及任务执行时间效率高的节点。图 5-5（b）是五个联盟协作节点采用 ATDA、TASIM 和 ADA 算法的收益比较。由于 ADA 算法平均分配图像压缩任务，因此五个联盟协作节点的收益相同。TASIM 图像压缩任务分配较为均匀而各自完成一个图像压缩子任务的成本有较大差异，公平性较差。ATDA 算

法的联盟协作节点的收益与 TASIM 算法相比相对公平。

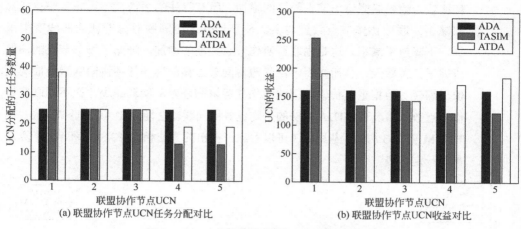

(a) 联盟协作节点UCN任务分配对比　　(b) 联盟协作节点UCN收益对比

图 5-5　ATDA 与其他算法的任务分配与收益对比

图 5-6（a）是联盟协作节点在不同移动速度下图像压缩任务执行时间对比。从图中可以看出，随着联盟协作节点的移动速度增加，提出的算法平均任务执行时间的增加速度相比 ATDA 和 ADA 算法较慢。ATDA 算法的平均任务执行时间比 ADA 低 15.10%，比 TASIM 要低 10.46%。这是由于 ATDA 算法基于任务稳定执行时间采用多轮分配的机制，减少了由于联盟协作节点移动离开任务协同联盟造成的图像压缩任务数据重复传输。图 5-6（b）是算法在不同联盟协作节点数量情况下平均任务执行时间的比较。随着联盟协作节点数量的增加，所有算法的平均任务执行时间都减少，联盟协作节点数量增多，使平均任务执行时间的曲线变得平缓，下降速率减小。这是由于联盟协作节点数量的增加，降低了每个节点的图像压缩子任务数量，从而减少了由于联盟协作节点移动离开任务协同联盟造成的图像压缩任务数据重复传输。在联盟协作节点数量不同时，ATDA 算法的平均任务执行时间比 ADA 低 9.22%，比 TASIM 低 1.26%。从图 5-7 可以看出，提出的 ATDA 算法相比 TASIM 和 ADA 算法具有一定的优势。

图 5-7（a）是算法在联盟协作节点移动速度不同情况下任务协同联盟总能耗比较。从图中可以看出，提出的算法随着联盟协作节点移动速度的增加，其任务协同联盟总能耗的增加速度相比 TASIM 和 ADA 算法较慢。ATDA 算法的平均任务协同联盟总能耗比 ADA 低 9.45%，比 TASIM 低 4.77%。这是由于 ATDA 算法采用多轮分发的机制，减少了由于联盟协作节点移动离开任务协同联盟造成的图像压缩任务的中断及部分任务数据的重传。

图 5-7（b）是算法在联盟协作节点数量不同情况下平均任务协同联盟总能耗比较。随着联盟协作节点数量的增加，所有算法的平均任务协同联盟总能耗都减小。联盟协作节点数量增多，使平均任务协同联盟总能耗的曲线变得平缓，下降速率减小。这是由联盟协作节点数量的增加，降低了每个节点的图像压缩子任务数量，从而减少了由联盟协同节点移动离开任务协同联盟造成的图像压缩任务数据重复传输，因此平均任务协同联盟总能耗减少。在不同联盟协作节点数量情况下 ATDA 算法的平均任务协同联盟总能耗比 ADA 低 7.08%，比 TASIM 要低 3.81%。从图 5-7 可以看出，提出的算法相比 TASIM 和 ADA 算法具有一定优势。

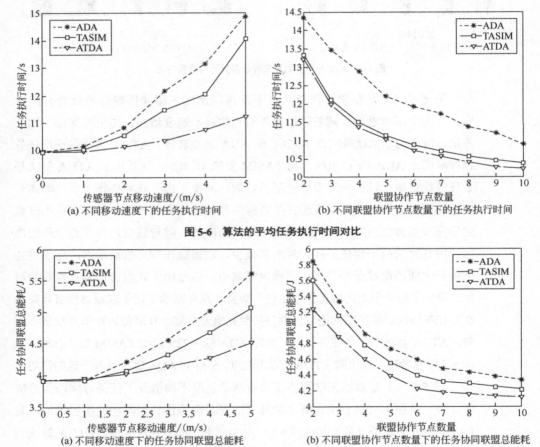

(a) 不同移动速度下的任务执行时间   (b) 不同联盟协作节点数量下的任务执行时间

图 5-6　算法的平均任务执行时间对比

(a) 不同移动速度下的任务协同联盟总能耗   (b) 不同联盟协作节点数量下的任务协同联盟总能耗

图 5-7　算法的任务协同联盟总能耗对比

图 5-8 是算法在联盟协作节点移动速度不同情况下图像压缩任务负载均衡

度的比较。随着联盟协作节点移动速度的增加，所有算法的负载均衡度都增加。然而，在联盟协作节点移动速度较慢时，负载均衡度的增加幅度较小。这是由于随着联盟协作节点移动速度的增加，联盟协作节点离开任务协同联盟的可能性增加，造成图像压缩任务数据重复传输。从图 5-8 可以看出，提出的算法在负载均衡度方面相比 TASIM 和 ADA 算法具有一定的优势。

综上所述，本章提出的 ATDA 算法能够实现联盟盟主节点图像压缩任务的合理分配，相对于其他算法，该算法在任务执行时间、网络能耗和负载均衡度方面具有一定的优势。

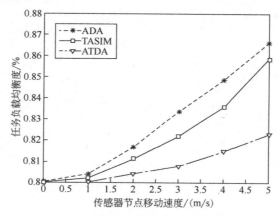

图 5-8　不同移动速度下节点负载均衡度对比

5.6　本章小结

本章针对移动传感器网络任务协同中，没有考虑协作节点处理能力及位置的动态变化，造成任务执行频繁中断及任务数据重传问题。本章面向移动多媒体传感器网络图像压缩任务，提出一种基于动态联盟的图像压缩任务分配算法。首先，该算法根据任务分解的原则和约束，考虑了相机节点和普通节点的移动性，提出了基于任务稳定执行时间的多轮任务分解机制，将图像压缩任务分解为图像传输子任务和图像压缩子任务。然后，根据联盟协作节点的图像压缩子任务执行时间、执行成本和网络能耗建立图像压缩任务协同分配优化模型，采用梯度法进行图像压缩任务的协同分配。经过仿真验证，提出的图像压缩任务协同算法能够有效地均衡不同联盟协作节点之间的任务负载，降低图像压缩任务的执行时间和网络能耗，在解决移动传感器网络任务分配方面具有一定的优势，适用于动态的移动多媒体传感器网络中的任务协同分解和分配。

第 6 章 ●○

基于哈密尔顿路径的 MWRSNs 充电任务协同机制

6.1 引言

第 5 章在移动多媒体网络场景中讨论了一种图像压缩任务协同方法,该方法针对网络中单个节点存储、处理能力和能量受限的情况,考虑了图像压缩任务的成本、任务执行时间和网络能耗,实现了移动多媒体传感器网络的图像压缩任务协同,降低了图像压缩任务的执行时间和网络能耗。然而,考虑到移动传感器网络在进行监测及任务处理时会消耗其有限的电池能量,因电量消耗殆尽造成的节点失效是影响移动传感器网络长期运行的关键问题。随着无线能量传输技术的发展,无线传感器节点能够使用能量获取装置从环境中采集并储存能量从而解决电池能量受限的难题,使无线传感器网络的长期运行成为可能。因此,本章选择移动无线可充电传感器网络场景,研究合理的充电任务协同机制以保障移动无线传感器网络的长期运行。

2007 年 Kurs 等人[88]在 *Science* 杂志上发表的文章中采用耦合共振方式对较远的目标进行较高效率的无线充电,论证了无线充电的可行性。随后 Karalis 和 Kurs 研制了一系列无线充电的原型设备并获得了多项美国国家专利[89-91],这使解决无线传感器网络应用的能量问题迎来了新的机遇。随着无线充电技术和智能移动节点的发展,无线传感器网络中的能量问题有望解决。移动可充电传感器网络是指,在网络中主动充电的电源节点可以通过移动为任意的可充电传感器节点进行无线充电的网络。移动可充电传感器网络中的传感器节点电量可补充,虽然理论上移动可充电传感器网络可以保持永久工作,但是在实际的应用中,MC 的充电能力是有限的,表现为移动速度、充电功率及总能量是有限的。因此,要想实现移动可充电传感器网络的永久存活,在出现充电任务请求时不仅要求 MC 能够根据网络状态动态调整其移动充电方式,还需要 MC 与无线传感器节点进行协同,从而高效地完成充电任务。所以,研究移动可充电传感器网络的充电任务协同具有重要的现实意义。

文献[92-100,169]中,研究了可充电无线传感器网络中 MC 的充电任务调度问题,根据无线能量传输技术提出了相应的无线传感器网络模型及优化问题,通过求解相应优化问题的近似最优解,获得无线充电节点对传感器网络进行充电的方案,提高了传感器网络的充电效用。但是这些方法未考虑移动充电节点在遍历网络中传感器节点时作为数据采集设备获取数据的动态拓扑问题。文献[101-104]考虑了 MC 对传感器节点进行充电时可以作为数据采集设备从该传感器节点处获取数据信息，提出了可充电无线传感器网络中的动态拓扑工作方式。但是这些方法都缺乏充电任务协同机制，影响了充电效用及网络能耗。文献[107]针对无线传感器网络的周期性充电，将无线传感器网络中的充电问题建模为拥有时间窗口的移动充电节点路由问题。该方法将多个路由问题转换为单个路由问题，考虑了移动充电节点之间的协同，提出一种局部最优化算法。仿真结果显示，提出的算法在充电调度方面具有一定的优势。文献[108]针对无线传感器网络的周期性充电提出了一种移动充电任务协同调度算法。该方法允许 MC 之间进行能量传递，并在满足三个假设条件情况下证明了该方法可以覆盖无限长的一维无线传感器网络。然后，逐一去掉假设条件并将该方法扩展到受限的二维无线传感器网络场景中。仿真实验说明该方法能够提高充电的能量有效性。但是，这些充电任务协同方法在移动充电时没有考虑 MC 与下一轮充电传感器节点的协作充电机制，造成 MC 在下一轮充电过程中移动路径长且移动能耗大。另外，MC 在充电任务调度完成，返回维护站后，由维护站中的固定 Sink 节点进行数据采集，缺乏 MC 的协作采集机制，造成网络生存时间短及充电任务调度频繁的问题。

基于以上分析，本书在移动可充电传感器网络场景中，提出了一种基于哈密尔顿路径的 MWRSNs 充电任务协同算法。在算法中将下一轮的充电传感器节点作为本轮的停等充电传感器节点，当 MC 对本轮的传感器节点进行充电且电量充足时，在移动路径不变的情况下选择距离停等充电传感器节点最近的位置作为停等位置，并让停等充电传感器节点在电量允许情况下移动至该停等位置与 MC 会合。MC 和停等传感器节点通过协作移动的方式进行充电，避免了 MC 节点在下一轮对该节点的充电，能够减少 MC 的移动能耗。同时，为了提高网络生存时间并降低充电任务调度的频率，MC 在充电过程中及充电完成返回停留位置时作为移动 Sink 节点协作地对数据进行采集。仿真实验表明，这种算法能够提高能量有效性并延长网络生存时间，减少网络能耗及单位时间内平均移动损耗。

6.2　系统模型

6.2.1　无线可充电传感器网络模型

本章中的定义如下。

定义 6-1　网络生存时间（Network Lifetime）：以无线传感器网络中首个

节点能量耗尽的时刻计算网络生存时间。

定义 6-2 充电任务间隔（Charging Task Interval）：MC 开始一次传感器网络充电任务距离下一次充电任务开始的时间。

定义 6-3 停留位置（Stay Position）：MC 在充电调度任务完成后作为移动 Sink 节点在无线可充电传感器网络中进行数据采集的最优位置。

定义 6-4 停等位置（Stop Position）：MC 在规定的路径上进行移动充电过程中，MC 和停等充电传感器节点会合进行充电的位置。

定义 6-5 能量有效性（Energy Usage Effective，EUE）：可充电传感器网络获得的有效能量与 MC 和传感器节点在充电过程中总能源开销的比值。

本章中的假设如下：

假设 6-1 移动可充电传感器网络中的传感器节点按照每秒发送一个 256 bit 的数据包进行数据传输。

假设 6-2 Sink 节点和 MC 能够获取无线传感器网络中所有节点地理位置（如通过北斗卫星导航系统、GPS 定位或其他定位方式）。

假设 6-3 移动可充电传感器网络的连通性至少为 2-连通，即至少删除 2 个节点，才会破坏网络的连通性。移动可充电传感器网络的覆盖质量至少为 2-覆盖，即监测区域中每个点都能被至少 2 个传感器节点覆盖。

假设 6-4 移动可充电传感器网络中节点低电量提示后的剩余生存时间能够保证 MC 到达该节点且对其充电之前不会因电量耗尽而出现节点失效。

假设 n 个移动传感器节点组成移动传感器集合为 $S=\{s_i \mid i=1, 2, \cdots, n\}$，移动传感器的节点 s_i 的位置为 $l_i=(x_j, y_j)$，通信半径为 $r_{c,i}$，移动速率为 v_i，电池容量为 b_i。每个传感器的能耗包括数据传输能耗及节点移动产生的能耗，传感器 s_i 的平均单位能耗为 e_i，传感器 s_i 移动单位距离的能耗为 $e_{m,i}$。传感器 s_i 的最大生存时间为 τ_i，且 $\tau_i=b_i/e_i$。传感器 s_i 的充电周期为 $\tau_{c,i}$，且 $\tau_{c,i}=b_i(1-\omega)/e_i$，其中 ω 是传感器低电量提示百分比，即当电量低于 $b_i\omega$ 时为保证传感器的正常工作，MC 将为该传感器节点充电，假设低电量提示 ω 能够保证该传感器节点的剩余生存时间 $b_i\omega/e_i$ 在 MC 充电任务调度中对其充电之前不出现因电量耗尽而失效。传感器节点集合 S 的位置、电池容量及充电周期分别为 $L=((x_1, y_1), (x_2, y_2), \cdots, (x_n, y_n))$，$B=(b_1, b_2, \cdots, b_N)$，$T=(\tau_{c,1}, \tau_{c,2}, \cdots, \tau_{c,n})$。

MC 的电池电量为 B_C，移动和无线充电共享一个电池电量，MC 的移动速度为 v_c，移动单位距离的能耗为 e_c。Sink 节点作为基站数据服务点同时也作为能量源，不失一般性，将 Sink 作为坐标原点（0，0），移动充电节点从 Sink 节点开始移动，进行传感器网络充电任务，电量不足时将返回 Sink 节点接受充电服务。MC 与传感器节点的充电效率为 η_c，则移动充电节点消耗 C 的电量，传感器只能获得 $\eta_c C$ 的能量。

T_l 表示传感器网络的网络生存时间，其计算公式如式（6-1）所示。

$$T_1 = \min_{i=1}^{n}(\tau_i) = \min_{i=1}^{n}(b_i/e_i) \qquad (6\text{-}1)$$

式中，τ_i 为传感器的生存时间，传感器网络的网络生存时间 T_l 是网络中节点生存时间中最小的时间；e_i 为传感器 s_i 的平均单位传输能耗；n 为网络中传感器节点的数量。

考虑到实际的情况，本书基于网络生存时间定义了 MC 的充电任务间隔 T_{cti}，当传感器的电量低于 $b_i\omega$ 时就需要 MC 对其进行充电，充电任务间隔是充电完成后距离下一次的充电任务开始的时间。因此，本章选择传感器网络中节点充电周期最短的时间作为充电任务间隔 T_{cti}，具体可以通过式（6-2）计算。

$$T_{cti} = \min_{i=1}^{n}(\tau_{c,i}) = \min_{i=1}^{n}\left[b_i(1-\omega)/e_i\right] \qquad (6\text{-}2)$$

6.2.2 无线可充电传感器网络能耗模型

6.2.2.1 无线传感器网络传输能耗模型

传感器节点的能耗模型参考了文献[169]，每个传感器节点在通信半径为 $r_{c,i}$ 时的接收和发送能耗模型如下：

$$E_R(l_p) = l_p e_{elec} \qquad (6\text{-}3)$$

$$E_{T,i}(l_p, r_{c,i}) = l_p e_{elec} + l_p \varepsilon_{fs} r_{c,i}^{2} \qquad (6\text{-}4)$$

式中，l_p 为数据包长度；e_{elec} 为电子设备发射或接收数据的能耗；ε_{fs} 为无线天线放大器的能耗；$E_R(l_p)$ 表示传感器节点接收数据包（长度为 l_p）的能耗；$E_{T,i}(l_p, r_{c,i})$ 为传感器节点以 $r_{c,i}$ 为通信半径发送数据包（长度为 l_p）的能耗。因此传感器 s_i 中继一个数据包的能耗 E_i 为：

$$E_i = E_{T,i}(l_p, r_{c,i}) + E_R(l_p) \qquad (6\text{-}5)$$

6.2.2.2　无线可充电传感器网络移动能耗模型

移动传感器节点和 MC 的移动能耗模型参考了文献[170]，具体的定义如下：

$$E_{m,c}(d_{m,c}) = d_{m,c}e_c \tag{6-6}$$

$$E_{m,i}(d_{m,i}) = d_{m,i}e_{m,i} \tag{6-7}$$

式中，$E_{m,c}$（$d_{m,c}$）为 MC 的移动能耗；$d_{m,c}$ 为 MC 的移动距离；e_c 为 MC 移动单位距离的能耗，且 $e_c=m_cg\mu_c$，m_cg 指 MC 的重力，μ_c 为 MC 与地面的动摩擦因数；$E_{m,i}$（$d_{m,i}$）为移动传感器节点 s_i 的移动能耗；$d_{m,i}$ 为移动传感器节点 s_i 的移动距离；$e_{m,i}$ 为移动传感器节点 s_i 移动单位距离的能耗，且 $e_{m,i}=m_{m,i}g\mu_i$，$m_{m,i}g$ 指移动传感器节点 s_i 的重力，μ_i 为移动传感器节点 s_i 与地面的动摩擦因数。

6.2.3　评价指标

在一个充电调度周期中，移动传感器网络充电过程中的能耗包括三个部分：传感器获得的能量、MC 和传感器节点的移动能耗及充电过程的损耗。传感器获得的能量为有效能量 E^{pl}，MC 和传感器节点的移动能耗及充电过程的损耗为能源开销 E^{oh}。则能量的有效性指标为：

$$EUE = E^{pl}\big/\left(E^{pl}+E^{oh}\right) \tag{6-8}$$

在对算法性能的评价中，除了能量有效性、网络生存时间及能耗指标外，还引入了单位时间平均移动损耗来评价 MWRSNs 的充电任务的移动能源开销。在一个充电任务间隔中，移动可充电传感器网络充电的移动损耗 E^{oh} 主要包括：MC 和传感器节点的移动能耗。对于整个网络来说，移动损耗 E^{oh} 越少越好，而无线可充电传感器网络的 MC 的充电任务间隔 T_{cti} 越大越好。因此，单位时间平均移动损耗（Average Energy of Unit Time，AEUT）可以定义为：

$$AEUT = \frac{E^{oh}}{T_{cti}} \tag{6-9}$$

6.2.4　本章主要符号表

本章主要的符号定义如表 6-1 所示：

表 6-1 第 6 章主要符号表

符号	符号解释	符号	符号解释
S	传感器集合	s_i	编号为 i 的传感器节点
n	传感器集合 S 中的节点数量	S_p	MC 在传感器网络中的停留位置
L	传感器集合 S 的位置向量	B	传感器集合 S 的电池容量向量
T	传感器集合 S 的充电周期向量	$r_{c,i}$	传感器节点 s_i 的通信半径
S_S	Sink 服务组中传感器节点集合	$s_{i,S}$	被 Sink 节点服务的传感器节点
n_S	Sink 服务组的传感器节点数量	X_i	判断传感器节点是否在 Sink 服务组的决策变量
S_{MC}	MC 服务组中传感器节点集合	$s_{j,MC}$	被 MC 服务的传感器节点
n_{MC}	MC 服务组的传感器节点数量	X_j	判断传感器节点是否在 MC 服务组的决策变量
S_c	充电传感器集合	$S_{2,c}$	停等充电传感器集合
$^{(k)}S_c$	第 k 轮充电任务调度的充电传感器集合	$^{(k)}S_p$	第 k 轮充电任务调度的 MC 停留位置
P	MC 的电池容量	P'	MC 的剩余电量
b_i	传感器 s_i 的电池容量	b_i'	传感器 s_i 的电池剩余电量
$b_{2,i}$	停等充电传感器 $s_{2,i}$ 的电池容量	$b_{2,i}'$	停等充电传感器 $s_{2,i}$ 的剩余电量
$b_{i,c}$	MC 对传感器 s_i 的充电电量	$b_{2,ic}$	MC 对停等充电传感器 $s_{2,i}$ 的充电电量
$b_{i,S}'$	Sink 服务组中传感器节点 $s_{i,S}$ 的剩余电量	$b_{i,MC}'$	MC 服务组中传感器节点 $s_{j,MC}$ 的剩余电量
B_C	MC 的电池容量	η_c	MC 与传感器节点的充电效率
τ_i	传感器 s_i 的最大生存时间	τ_i'	传感器 s_i 的实际生存时间
$\tau_{c,i}$	传感器 s_i 的充电周期	$\tau_{2,i}$	停等充电传感器节点 $s_{2,i}$ 的充电周期
T_{cti}	MC 的充电任务间隔	T_1	传感器网络的生存时间
e_i	传感器 s_i 的平均单位能耗	$e_{2,i}$	停等充电传感器节点 $s_{2,i}$ 的平均单位能耗
e_c	MC 移动单位距离的能耗	$e_{m,i}$	传感器 s_i 移动单位距离的能耗
e_{elec}	电子设备发射或接收数据的能耗	$e_{c2,i}$	停等充电传感器节点 $s_{2,i}$ 移动单位距离的能耗
ε_{fs}	无线天线放大器的能耗	q	充电传感器节点的数量
$e_{i,S}$	Sink 服务组中传感器节点 $s_{i,S}$ 的单位能耗	$e_{j,MC}$	MC 服务组中传感器节点的单位能耗
$E_{m,c}(d_{m,c})$	MC 移动距离 $d_{m,c}$ 的移动能耗	$d_{m,c}$	MC 的移动距离
$E_{m,i}(d_{m,i})$	传感器节点 s_i 移动距离 $d_{m,i}$ 的移动能耗	$d_{m,i}$	传感器节点 s_i 的移动距离
$m_c g$	MC 受到的重力	$m_{m,i} g$	传感器节点 s_i 受到的重力
μ_c	MC 与地面的动摩擦因数	μ_i	传感器 s_i 与地面的动摩擦因数

符号	符号解释	符号	符号解释
$E_R(l_p)$	传感器 s_i 接收一个数据包（长度为 l_p）的能耗	$E_T(l_p, R_c)$	传感器 s_i 发送一个数据包（长度为 l_p）的能耗
E_i	传感器 s_i 中继一个数据包的能耗	E^{oh}	MC 和传感器节点的移动能源开销
l_i	传感器 s_i 的地理位置信息	$l_{2,i}$	停等传感器节点 $s_{2,i}$ 地理位置信息
l_c	MC 的地理位置信息	l_S	Sink 节点的地理位置信息
$v_{2,i}$	停等传感器节点 $s_{2,i}$ 的移动速度	l_p	传感器节点通信的数据包长度
v_i	传感器节点 s_i 移动速度	v_c	MC 的移动速度
$d_{i,S}$	Sink 服务组中传感器节点 $s_{i,S}$ 到 Sink 节点的欧氏距离	$d_{i,MC}$	MC 服务组中传感器节点到 MC 的欧氏距离
$d_{i,min}$	传感器节点 s_i 到 Sink 节点及 MC 的距离最小值	t	Newton 法确定 MC 停留位置的迭代次数
ε_0	传感器节点的初始能量	ω	传感器低电量提示百分比
D_i	传感器 s_i 单位时间采集的数据量	ε	Newton 法确定 MC 停留位置的终止误差
$D_{i,S}$	Sink 服务组中传感器节点单位时间发送的数据量	$D_{i,MC}$	MC 服务组中传感器节点单位时间发送的数据量
G（Sink, S_c, S_p）	Sink 节点、充电传感器集合 S_c 及停留位置 S_p 组成的完全图	E（G）	完全图 G（Sink, S_c, S_p）中边的集合
V（G）	图 G（Sink, S_c, S_p）的顶点集合	E_u	边集合 E（G）中的一个边
$d(s_{2,i}, E_u)$	停等充电传感器节点 $s_{2,i}$ 到边 E_u 的最短距离	$d(s_{2,i})$	停等充电传感器节点 $s_{2,i}$ 到集合 E（G）中边的最短距离
D_h（s_i, s_j）	V（G）中顶点 s_i 和 s_j 之间的权值	C_S（s_i, s_j）	V（G）中顶点 s_i 和 s_j 之间的节约值
Sum（$E_{G,c,m}^{oh}$）	MC 遍历已连接哈密尔顿路径需要的总移动能源开销	Sum（$b_{G,c}$）	路径中传感器节点需要充电的总能量

6.3　基于哈密尔顿路径的 MWRSNs 充电任务协同算法

6.3.1　算法流程

　　算法具体流程如图 6-1 所示。本书提出的基于哈密尔顿路径的 MWRSNs 充电任务协同算法由七部分组成：充电任务调度请求，确定停留位置，确定充电传感器集合，确定停等充电传感器集合及 MC 停等位置，建立哈密尔顿路径，

MC 和停等传感器节点的协作充电，MC 充电完成后的传感数据协作采集。确定
MC 停留位置，建立哈密尔顿回路和确定 MC 停等位置是算法的重点。确定 MC
停留位置旨在延长网络生存时间及充电任务间隔。建立哈密尔顿路径和确定
MC 停等位置旨在减少移动能源开销。

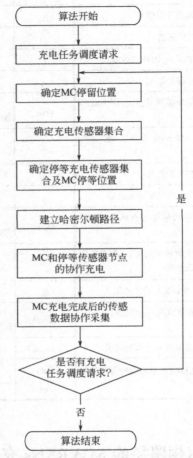

图 6-1　基于哈密尔顿路径的 MWRSNs 充电任务协同算法流程图

6.3.2　充电任务调度请求

当传感器节点 s_i 的电量百分比低于 ω 时，该节点向 MC 节点发送充电请求
信息[CRequest（i）]，MC 收到请求后，发送电量采集请求[BRequest（MC）]到网
络中的传感器节点。当传感器节点收到 BRequest 后发送包括传感器 s_i 的剩余电

量 b_i'、地理位置 l_i 及低电量百分比 ω 的回复消息[BReply（i）]到 MC，MC 收到 BReply 后根据这些信息计算其生存时间 τ_i 及剩余生存时间 τ_i'。接下来 MC 根据采集到的信息确定其在本轮充电调度完成后的停留位置。

6.3.3　确定 MC 的停留位置

本书中停留位置是指 MC 在充电调度任务完成后作为移动 Sink 节点进行数据采集的最优位置。为了延长网络生存时间，降低网络整体能耗，将 MC 作为移动 Sink 节点在传感器网络中进行数据采集。在 MC 充电过程中网络中传感器节点可以随着 MC 的位置更新重新规划路径。在充电完成后，MC 将移动到停留位置作为移动 Sink 节点担负数据采集任务，并在停留位置等待下一轮的充电任务调度，无线可充电传感器网络会根据 MC 的移动及其停留位置重新规划数据传输路径。MC 的停留位置将影响无线可充电传感器网络的生存时间和能耗。因此，为了延长网络生存时间，增大 MC 的充电任务间隔，确定合适的停留位置是本算法研究的一个重点。

6.3.3.1　MC 停留位置的问题模型

假设 n 个无线可充电传感器节点组成的集合为 $S=\{s_i \mid i=1, 2, \cdots, n\}$，传感器节点 s_i 的位置为 $l_i=(x_i, y_i)$，这里将无线可充电传感器网络的节点分成 Sink 服务组 S_S 和 MC 服务组 S_{MC}，当传感器节点 $s_{i,S}$ 被 Sink 节点服务时 $s_{i,S} \in S_S = \{s_{i,S} \mid i=1, 2, \cdots, n_s\}$，则其数据通过一跳或多跳传递到 Sink 节点，则决策变量 X_i 为 1，否则为 0。当传感器节点 $s_{j,MC}$ 被 MC 节点服务时，$s_{j,MC} \in S_{MC} = \{s_{j,MC}: 1, 2, \cdots, n_{MC}\}$，则其数据通过一跳或多跳传递到 MC 节点，则决策变量 X_j 为 1，否则为 0。$D_{i,S}$ 及 $D_{i,MC}$ 分别是 Sink 服务组和 MC 服务组中传感器节点单位时间发送的数据量。$e_{i,S}$ 和 $e_{j,MC}$ 分别是 Sink 服务组和 MC 服务组中传感器节点的单位能耗。$b_{i,S}'$ 和 $b_{i,MC}'$ 分别是 Sink 服务组和 MC 服务组中传感器节点的实际剩余电量。$d_{i,S}$ 是 Sink 服务组中传感器节点到 Sink 节点的欧氏距离，$d_{i,MC}$ 是 MC 服务组中传感器节点到 MC 的欧氏距离。

对于 MC 来说，应选择靠近节点剩余生存时间较长，且与各节点总距离最小的位置。为了降低能耗并延长网络生存时间，本书的目标函数是 Sink 服务组节点到 Sink（Sink 服务组节点到 Sink 节点的欧氏距离与其剩余生存时间比值的总和）及 MC 服务组节点到 MC（MC 服务组中传感器节点的到 MC 的欧氏距离与其剩余生存时间的比值之和）的总加权距离最小。目标函数的定义如式（6-10）所示。

$$\min \sum_{i=0}^{n_{\mathrm{S}}} d_{i,\mathrm{S}} X_{i,\mathrm{S}} / \tau'_{i,\mathrm{S}} + \sum_{j=0}^{n_{\mathrm{MC}}} d_{j,\mathrm{MC}} X_{j,\mathrm{MC}} / \tau'_{j,\mathrm{MC}} \tag{6-10}$$

$$s.t. \qquad \sum_{i=1}^{n} X_i = n_{\mathrm{S}} \tag{6-11}$$

$$\sum_{j=1}^{n} X_j = n_{\mathrm{MC}} \tag{6-12}$$

$$n_{\mathrm{S}} + n_{\mathrm{MC}} = n \tag{6-13}$$

式中，$\sum_{i=0}^{n_{\mathrm{S}}} d_{i,\mathrm{S}} X_{i,\mathrm{S}} / \tau'_{i,\mathrm{S}}$ 为 Sink 服务组节点到 Sink 节点的欧氏距离与其剩余生存时间比值的总和；$\tau'_{i,\mathrm{S}}$ 为 Sink 服务组节点 $s_{i,\mathrm{S}}$ 的剩余生存时间，且 $\tau'_{i,\mathrm{S}} = b'_{i,\mathrm{S}} / D_{i,\mathrm{S}} e_{i,\mathrm{S}}$；$\sum_{j=0}^{n_{\mathrm{MC}}} d_{j,\mathrm{MC}} X_{j,\mathrm{MC}} / \tau'_{j,\mathrm{MC}}$ 为 MC 服务组节点到 MC 的欧氏距离与其剩余生存时间比值的总和；$\tau'_{j,\mathrm{MC}}$ 为 MC 服务组节点 $s_{j,\mathrm{MC}}$ 的剩余生存时间，且 $\tau'_{j,\mathrm{MC}} = b'_{j,\mathrm{MC}} / D_{j,\mathrm{MC}} e_{j,\mathrm{MC}}$；$n_{\mathrm{S}}$ 为 Sink 服务组的传感器节点数量；n_{MC} 为 MC 服务组的传感器节点数量；n 为传感器网络中节点的数量。决策变量 X_i 和 X_j 的定义为：

$$X_i = \begin{cases} 1, & \text{传感器节点} s_i \text{被Sink节点服务} \\ 0, & \text{其他} \end{cases} \tag{6-14}$$

$$X_j = \begin{cases} 1, & \text{传感器节点} s_j \text{被MC服务} \\ 0, & \text{其他} \end{cases} \tag{6-15}$$

约束式：式（6-11）是传感器节点被 Sink 节点服务，式（6-12）是传感器节点被 MC 服务，式（6-13）保证每个传感器节点只能将数据发送到最近的 Sink 或 MC，两个服务组节点数量之和为传感器网络节点数量。

6.3.3.2 MC 停留位置问题的求解过程

为了快速获得 MC 的停留位置，这里选择收敛速度快的 Newton 法求解该问题。具体的求解过程如下：

第 1 步：选择初始点。由于初始时 MC 节点从 Sink 节点出发，因此选择坐标原点（以 Sink 为坐标原点）作为初始点 $L_{\mathrm{MC},0}(x_0, y_0)$，且 $x_0 = y_0 = 0$，给定的终止误差 $\varepsilon > 0$，令 $t = 0$。

第 2 步：求梯度向量。令 $f\left(L_{\mathrm{MC},t}\right)=\sum_{i=0}^{n_{\mathrm{S}}}d_{i,\mathrm{S}}X_{i,\mathrm{S}}\big/\tau'_{i,\mathrm{S}}+\sum_{j=0}^{n_{\mathrm{MC}}}d_{j,\mathrm{MC}}X_{j,\mathrm{MC}}\big/\tau'_{j,\mathrm{MC}}$，则

$$\nabla f\left(L_{\mathrm{MC},k}\right)=\left[\sum_{j}^{n_{\mathrm{MC}}}\frac{D_{j,\mathrm{MC}}e_{j,\mathrm{MC}}\left(x_{k}-x_{j,\mathrm{MC}}\right)X_{j,\mathrm{MC}}}{b'_{j,\mathrm{MC}}\sqrt{\left(x_{k}-x_{j,\mathrm{MC}}\right)^{2}+\left(y_{k}-y_{j,\mathrm{MC}}\right)^{2}}}\quad\sum_{j}^{n_{\mathrm{MC}}}\frac{D_{j,\mathrm{MC}}e_{j,\mathrm{MC}}\left(y_{k}-y_{j,\mathrm{MC}}\right)X_{j,\mathrm{MC}}}{b'_{j,\mathrm{MC}}\sqrt{\left(x_{k}-x_{j,\mathrm{MC}}\right)^{2}+\left(y_{k}-y_{j,\mathrm{MC}}\right)^{2}}}\right],$$

如果梯度向量的模 $\parallel\nabla f(L_{\mathrm{MC},t})\parallel\leqslant\varepsilon$，则停止迭代，输出该位置坐标 $L_{\mathrm{MC},t}=\left(x_{t},\right.$ $\left.y_{t}\right)$，则该坐标值即为停留位置 S_{p}，算法结束。否则，转入第 3 步。

第 3 步：构造牛顿方向。计算 $\left[\nabla^{2}f\left(L_{\mathrm{MC},t}\right)\right]^{-1}$，求牛顿方向 P_{t}：$P_{t}=-\left[\nabla^{2}f\left(L_{\mathrm{MC},t}\right)\right]^{-1}\nabla f\left(L_{\mathrm{MC},t}\right)$。

第 4 步：求下一个迭代点。令 $L_{\mathrm{MC},t+1}=L_{\mathrm{MC},t}+P_{t}$，$t=t+1$，转入第 2 步。

根据上述步骤确定 MC 停留位置后，Sink 节点将计算当 MC 在停留位置 S_{p} 时的充电任务间隔 T_{cti}，然后 MC 节点会根据这个充电任务间隔选择充电传感器及停等充电传感器节点。

6.3.4　确定充电传感器集合及其充电电量

6.3.4.1　确定充电传感器集合

MC 停留位置确定后，MC 根据其停留位置计算充电任务间隔 T_{cti} 并选择传感器节点。首先，Sink 节点采集到传感器网络节点的位置、剩余电量及电池容量等信息。然后，MC 根据其停留位置及 Sink 节点采集到的信息预测传感器节点的数据传输路径及传输能耗，并根据式（6-1）及式（6-2）计算网络生存时间及充电任务间隔 T_{cti}。最后，MC 根据计算的充电任务间隔 T_{cti} 选择传感器节点作为本轮调度周期的充电集合 S_{c} 中的元素。若传感器节点 s_{i} 的生存时间 $\tau'_{i}<T_{\mathrm{cti}}$，则将 s_{i} 节点纳入到充电传感器集合 $S_{\mathrm{c}}=<s_{1}$，s_{2}，$\cdots$，$s_{q}>$。同时，为了使算法在建立哈密尔顿路径时能够收敛，假设被确定为充电节点的传感器由于电量限制，在充电完成前不能移动。

6.3.4.2　计算充电电量

确定充电传感器集合 S_{c} 后，MC 需要计算本轮充电任务给各充电传感器节点的充电电量。为了使 MC 能够为更多的传感器节点进行充电服务，在本书的模型中 MC 在给传感器节点充电时并不总是充满。而是考虑了充电任务间隔

T_{cti}，以传感器节点 s_i 满电量时所能工作的充电任务间隔次数为依据计算传感器的充电电量 $b_{i,c}$。充电传感器节点 s_i 的充电电量的计算如式（6-16）所示。

$$b_{i,c} = \left\lfloor \frac{\tau_i}{T_{cti}} \right\rfloor \times T_{cti} \times e_i - b_i' \tag{6-16}$$

式中，b_i' 为移动传感器 s_i 的电池剩余电量；e_i 为传感器 s_i 的平均单位传输能耗；$\lfloor \tau_i/T_{cti} \rfloor$ 为传感器节点 s_i 的满电量时所能工作的充电任务间隔次数。

6.3.5 确定停等充电传感器集合及停等位置

6.3.5.1 建立完全图

建立完全图 G（Sink, S_c, S_p）。该图由 Sink 节点、充电传感器集合 S_c 及停留位置 S_p 组成，任意两点之间均有边相连。MC 将根据建立的完全图构建哈密尔顿路径。初始时 MC 从 Sink 节点出发，遍历充电传感器集合 $S_c=\{s_1, s_2, \cdots, s_q\}$ 对传感器节点进行充电，并且在充电过程中移动可充电传感器网络根据 MC 及 Sink 节点的位置进行路径规划。MC 充电完成后，MC 会移动到停留位置 S_p 作为移动 Sink 进行数据收集，移动可充电传感器网络则根据 Sink 节点及 MC 的停留位置进行路径规划。

6.3.5.2 确定停等充电传感器集合

充电传感器集合 S_c 确定后，为了能够给更多的传感器节点进行充电，进一步减少总的能源开销，这里将下一轮需要充电的节点也纳入到本次充电任务中。MC 根据充电任务间隔选择下一轮需要充电的节点作为停等充电传感器节点。当传感器节点 s_i 的生存时间满足 $T_{cti} < \tau_i' < 2T_{cti}$ 时，将 s_i 节点纳入到停等充电传感器集合，从而确定停等充电传感器集合 $S_{2,c}=\{s_{2,1}, s_{2,2}, \cdots, s_{2,w}\}$。

6.3.5.3 确定停等位置

本书中停等位置是指 MC 在规定的路径上进行移动充电过程中，MC 和停等充电传感器节点会合进行协作充电的位置。根据假设 6-3 和假设 6-4，当单个传感器节点移动时不会破坏网络连通性及网络覆盖性。当 MC 移动时，会根据其与停等位置的距离及移动速度评估到达停等位置的时间，并发送这些信息给该路径上的停等充电传感器节点，停等充电传感器节点会根据收到的这些信息进行移动，最终在停等位置与 MC 会合并对停等充电传感器节点进行充电。为了降低移动能耗，确定合理的停等位置也是算法研究的一个重点。完全图 G（Sink, S_c, S_p）中边的集合为 $E（G）=\{E_1, E_2, \cdots, E_{(q+1)(q+2)/2}\}$，$E_u \epsilon E（G）$，其中 q 是充电传感器节点的数量，则可以计算完全图边的数量为（$q+1$）（$q+2$）$/2$。这里选择停等充电传感器节点到图 G（Sink, S_c, S_p）中边集合 $E（G）$ 距离最短的位置作为停等位置。停等充电传感器节点 $s_{2,i}$ 到集合 $E（G）$ 中边的最短距离 $d(s_{2,i})$ 为：

$$d\left(s_{2,i}\right) = \min_{u=1}^{(q+2)(q+1)/2} d\left(s_{2,i}, E_u\right) \tag{6-17}$$

式中，E_u 为边集合 $E（G）$ 中的一个边，且 $E_u \epsilon E（G）$。传感器节点 $s_{2,i}$ 到边 E_u 的最短距离为 $d(s_{2,i}, E_u)$。本书采用矢量算法计算最短距离并确定停等位置，$d(s_{2,i}, E_u)$ 可以通过式（6-18）进行计算。由于矢量具有方向性，因此方向的判断直接根据其正负号就可以得知，使得最短距离的计算和停留位置的确定问题能够容易解决。尤其是当需要计算的数据量很大时，这种方式优势明显。

$\overrightarrow{s_{u-1}s_u}/\left|\overrightarrow{s_{u-1}s_u}\right|$ 是 $\overrightarrow{s_{u-1}s_u}$ 方向上的单位向量，其意义是确定所求向量的方向。$\overrightarrow{s_{u-1}s_{2,i}} \cdot \overrightarrow{s_{u-1}s_u}$ 是两个向量的内积，且 $\overrightarrow{s_{u-1}s_{2,i}} \cdot \overrightarrow{s_{u-1}s_u} = \left|\overrightarrow{s_{u-1}s_{2,i}}\right|\left|\overrightarrow{s_{u-1}s_u}\right|\cos\theta$，其中 θ 为向量 $\overrightarrow{s_{u-1}s_{2,i}}$ 与 $\overrightarrow{s_{u-1}s_u}$ 之间的夹角，$\left|\overrightarrow{s_{u-1}s_{2,i}}\right|$ 和 $\left|\overrightarrow{s_{u-1}s_u}\right|$ 分别是向量 $\overrightarrow{s_{u-1}s_{2,i}}$ 和 $\overrightarrow{s_{u-1}s_u}$ 的模。

$\left(\overrightarrow{s_{u-1}s_u} \cdot \overrightarrow{s_{u-1}s_{2,i}}\right)/\left|\overrightarrow{s_{u-1}s_u}\right| = \left|\overrightarrow{s_{u-1}s_u}\right|\left|\overrightarrow{s_{u-1}s_{2,i}}\right|\cos\theta/\left|\overrightarrow{s_{u-1}s_u}\right|$ 即为图中 $\overrightarrow{s_{u-1}s_{2,pi}}$ 的长度。而 $\overrightarrow{s_{u-1}s_{2,pi}}$ 为 $\overrightarrow{s_{u-1}s_{2,i}}$ 在 $\overrightarrow{s_{u-1}s_u}$ 方向上的投影向量，$s_{2,pi}$ 为投影点。根据投影向量 $\overrightarrow{s_{u-1}s_{2,pi}}$ 向量 $\overrightarrow{s_{u-1}s_u}$ 大小的比值 ψ（两向量同向时 ψ 取正，反向时取负）进行最短距离的求解。如图 6-2（a）所示时，$0<\psi<1$；如图 6-2（b）所示时，$\psi \geqslant 1$；如图 6-2（c）所示时，$\psi \leqslant 0$。具体的 $d(s_{2,i}, E_u)$ 计算如式（6-18）所示。

$$d\left(s_{2,i}, E_u\right) = \begin{cases} \left|\overrightarrow{s_{u-1}s_{2,i}}\right|, & \psi \leqslant 0 \\ \left|\overrightarrow{s_u s_{2,i}}\right|, & \psi \geqslant 1 \\ \left|\overrightarrow{s_{2,pi}s_{2,i}}\right|, & 0<\psi<1 \end{cases} \tag{6-18}$$

式中，当 $\psi \leqslant 0$ 时 s_{u-1} 即为 MC 在边 E_u 的停等位置；当 $\psi \geqslant 1$ 时，s_u 即为 MC 在边 E_u 的停等位置；当 $0<\psi<1$ 时，投影点 $s_{2,pi}$ 即为 MC 在边 E_u 的停等位置。

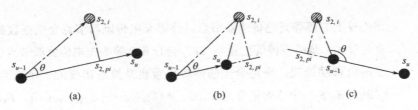

图6-2 传感器节点 $s_{2,i}$ 到边 E_u 的最短距离

6.3.5.4 停等充电传感器充电电量

考虑到停等充电传感器节点 $s_{2,i}$ 移动到停等位置的移动能耗，对停等充电传感器节点 $s_{2,i}$ 的充电电量 $b_{2,i,c}$ 的计算如下：

$$b_{2,i,c}=\begin{cases} \left\lfloor \dfrac{\tau_{2,i}}{T_{cti}} \right\rfloor T_{cti}e_{2,i}-b_{2,i}^{'}+2d(s_{2,i})e_{c,2,i}, & \text{若} \left\lfloor \dfrac{\tau_{2,i}}{T_{cti}} \right\rfloor T_{cti}e_{2,i}+2d(s_{2,i})e_{c,2,i}\leqslant b_{2,i} \\ b_{2,i}-b_{2,i}^{'}+d(s_{2,i})e_{c,2,i}, & \text{其他} \end{cases} \tag{6-19}$$

式中，$d(s_{2,i})e_{c,2,i}$ 为停等充电传感器节点移动到停等位置的移动能耗；$e_{c,2,i}$ 为停等充电传感器节点 $s_{2,i}$ 移动单位距离的能耗；$\lfloor \tau_{2,i}/T_{cti}\rfloor$ 为停等充电传感器节点 $s_{2,i}$ 的满电量时所能工作的充电任务间隔次数。当MC和停等充电传感器节点 $s_{2,i}$ 在停等位置会合时，MC会对停等充电传感器节点补充这部分能量。停等充电传感器节点充电完成后会返回原来的监测位置，返回到原位置的移动能耗也为 $d(s_{2,i})e_{c,2,i}$，在电池容量足够的情况下，即 $\lfloor \tau_i/T_{cti}\rfloor T_{cti}e_{2,i}+2d(s_{2,i})e_{c,2,i}\leqslant b_{2,i}$ 时，也应补充这部分能量，使其返回到原位置时的生存时间满足 $2T_{cti}$。当 $\lfloor \tau_i/T_{cti}\rfloor T_{cti}e_{2,i}+2d(s_{2,i})e_{c,2,i}>b_{2,i}$ 时，说明停等充电传感器节点到达停等位置时MC即使给该停等充电传感器节点的电量充满，当其返回到原位置后会消耗 $d(s_{2,i})e_{c,2,i}$ 的能量，而剩余能量 $b_{2,i}-d(s_{2,i})e_{c,2,i}$ 的生存时间会小于 $2T_{cti}$，此时应将该节点从停等充电传感器集合中移除。为了避免这种充电情况的发生，接下来将介绍停等充电传感器集合的更新。

6.3.5.5 更新停等充电传感器集合及停等位置

考虑到停等充电传感器节点 $s_{2,i}$ 的移动能耗，为了避免停等充电传感器节点的无效充电，当停等充电传感器节点出现以下情况时，则将该节点从停等充电传感器集合中移除，同时移除对应的停等位置，更新集合 $S_{2,c}$，最终确定停等充电传感器集合：

1）该停等充电传感器节点的电量不能够到达停等位置，即 $d(s_{2,i})e_{c,2,i}>$

$b'_{2,i}$；

2）移动的能量开销大于其充电电量，即 $2d(s_{2,i})e_{c,2,i}>b_{2,i,c}$；

3）停等充电传感器节点充电完成返回原位置的生存时间小于 $2T_{cti}$，即 $\lfloor \tau_i/T_{cti} \rfloor T_{cti}e_{2,i}+2d(s_{2,i})e_{c,2,i}>b_{2,i}$。

6.3.6 建立哈密尔顿路径

6.3.6.1 确定完全图中边的权值

计算图 G（Sink，S_c，S_p）中边的权值。这里将 MC 移动经过各边及停等充电传感器 $s_{2,i}$ 移动的能源开销作为权值。如任意两个节点 s_i，s_j，这里 s_i，$s_j \in S_c$ 且 $i \neq j$，它们之间的权值 $D_h(s_i,s_j)=d(s_i,s_j)e_c+d(s_{2,i})e_{c,2,i}$，其中：$d(s_i,s_j)$ 是 s_i，s_j 之间的欧氏距离；$d(s_{2,i})$ 是停等充电传感器节点 $s_{2,i}$ 到停等位置的移动距离；e_c 为 MC 移动单位距离的能耗；$e_{c,2,i}$ 为传感器节点 $s_{2,i}$ 移动单位距离的能耗。

6.3.6.2 建立哈密尔顿路径

根据图 G（Sink，S_c，S_p）和图中边的权值，进行路线选择，使总的能源开销最小。该问题实质是在一个有权值的无向完全图中，找一个权值最小的哈密尔顿（Hamilton）路径，这是一个 NP 完全问题。

由于无线传感器网络数据传输任务的不均衡性使每一轮需要充电的传感器节点数目相比整个网络较小，因此本书选择简单、实用性强及适合规模小的 C-W 节约算法求解哈密尔顿路径。该算法由 Clarke 和 Wright 提出，因此命名为 C-W 节约算法，C-W 节约算法最初是为了解决旅行商问题而提出来的，但它未考虑各种约束条件，因此，需要考虑 MC 的能耗及电量参数完善 C-W 算法才能解决移动充电的哈密尔顿路径问题。

设 $V(G)=(s_0,s_1,s_2,\cdots,s_q)$ 是图 G（Sink，S_c，S_p）中顶点集合，其中 s_0 为 Sink 节点。任意两个顶点之间的节约值为 $C_S(s_i,s_j)=D_h(s_0,s_i)+D_h(s_0,s_j)-D_h(s_i,s_j)$，其中 $s_i,s_j \in S_c$ 且 $i \neq j$。$C_S(s_i,s_j)$ 越大说明把 s_i 和 s_j 连接在一起时总代价减少越多。构造路径时，根据 $C_S(s_i,s_j)$ 的大小按照降序进行排序，基于 C-W 算法建立 MC 移动充电的哈密尔顿路径的具体步骤如下：

第 1 步：计算节约值 $C_S(s_i, s_j)$，并根据 $C_S(s_i, s_j)$ 的大小按照降序进行排序；

第 2 步：判断序列中节约值 $C_S(s_i, s_j)$ 最大的边所对应的传感器节点 s_i, s_j 是否满足以下条件：

1）若传感器节点 s_i 和 s_j 均不在已构成的路径上，则可连接 s_i 和 s_j，连接后得到路径 $<s_0 \rightarrow s_i \rightarrow s_j \rightarrow s_0>$，转到第 3 步；

2）若传感器节点 s_i 和 s_j 在已构成的路径上，但不是线路中的内点（即不与源点 s_0 直接相连），则可连接 s_i 和 s_j，连接后得到路径，转到第 3 步；

3）若传感器节点 s_i 和 s_j 位于已构成的线路上，且均不是内点，则可连接 s_i 和 s_j，得到路径，转到第 3 步；

4）若传感器节点 s_i 和 s_j 已在构成的线路上，则不能连接 s_i 和 s_j，转到第 4 步；

第 3 步：MC 计算遍历已连接路径需要的总移动能源开销 $\text{Sum}(E_{G,c,m}^{oh})$ 及路径中传感器节点需要充电的能量 $\text{Sum}(b_{G,c})$。当 $\text{Sum}(E_{G,c,m}^{oh}) + \text{Sum}(b_{G,c}) > P'$ 时，即 MC 的剩余电量 P' 不足，不能够完成该路径的充电，则去除从传感器节点 s_i 到其他节点的路径，转入第 5 步，否则转入第 4 步；

第 4 步：去除从传感器节点 s_i 到其他节点的路径及其他节点到达传感器 s_j 的路径；当所有路径都被去除时，则得到完整哈密尔顿路径，算法终止；否则，在没有去除的传感器节点路径中选择节约值最大的节点，转到第 2 步。

第 5 步：当 MC 的剩余电量足够到达 Sink 节点，MC 将 Sink 节点连接到传感器节点 s_i 的下一个路径节点；当 MC 的剩余电量不能够到达时，则去除传感器节点 s_i，选择传感器节点 s_i 的上一个路径节点与 Sink 节点连接，MC 在 Sink 节点的位置进行电量补充，电量补充完成后，MC 将 Sink 节点、停留位置及剩余未连接节点组成建立完全图，返回第 1 步，重新建立哈密尔顿路径。

根据 MC 的位置不同，MC 建立的哈密尔顿路径主要包括：1）初始时当 MC 在 Sink 节点位置收到充电任务调度请求时，MC 按照 $G(\text{Sink}, {}^{(1)}S_c, {}^{(1)}S_p)$ 建立哈密尔顿路径，其中 ${}^{(1)}S_p$ 是第 1 轮的 MC 停留位置，${}^{(1)}S_c$ 是第 1 轮的充电集合，为了保证 MC 在停留位置进行数据采集后的电量补充，在建立哈密尔顿路径时先将 $<{}^{(1)}S_p \rightarrow \text{Sink}>$ 纳入路径中；2）在第 k（$k \geq 2$）轮的充电调度中，当 MC 在停留位置 ${}^{(k-1)}S_p$ 收到充电任务调度请求时，MC 先从停留位置 ${}^{(k-1)}S_p$ 返回 Sink 节点进行电量补充，然后确定在第 k 轮 MC 的停留位置 ${}^{(k)}S_p$ 并按照 $G(\text{Sink}, {}^{(k)}S_c, {}^{(k)}S_p)$ 建立哈密尔顿路径，其中 ${}^{(k-1)}S_p$ 是第 $k-1$ 轮的 MC 停留位置，${}^{(k)}S_p$ 是第 k 轮充电任务调度的 MC 停留位置，$^{(k)}S_c$ 是第 k 轮充电任务调度的充电传感器集合。最后，根据上述步骤建立哈密尔顿路径，MC 按照建立的哈密尔顿路径进行移动充电，并在停等位置与停等充电传感器节点会合进行协作充电。

6.3.7 MC 和停等充电传感器节点的协作充电

MC 根据 6.3.6 节中 MC 建立的哈密尔顿路径进行移动充电，主要包括 MC 移动至充电传感器节点进行充电及停等充电传感器节点与 MC 在停等位置会合进行协作充电。

6.3.7.1 MC 移动至充电传感器节点进行充电

根据建立的哈密尔顿路径，MC 沿边 $E_1=<s_0, s_1>$，$E_2=<s_1, s_2>$，$\cdots$，$E_q=<s_{q-1}, s_q>$，$E_{q+1}=<s_q, s_0>$ 开始移动。在初始时 MC 从 Sink（s_0）节点出发，当在边 E_u 中存在停等位置时，MC 在此位置停留等待 $S_{2,c}$ 中停等充电传感器节点到达，并对该停等充电传感器节点进行充电，充电完成后 MC 移动至充电传感器节点 s_1 的位置，并对 s_1 进行充电。依次遍历边 $E(G)=\{E_1, E_2, \cdots, E_{q+1}\}$ 对传感器节点进行充电。

6.3.7.2 停等充电传感器节点与 MC 会合进行协作充电

为了节约充电调度时间，$S_{2,c}$ 中的停等充电传感器根据 MC 的位置及移动速度计算到达停等位置的时间，调整自己的移动速度以保证其与 MC 同时到达停等位置。然后，停等传感器节点在停等位置与 MC 会合，对到达停等位置的传感器节点进行充电，这样降低了 MC 的移动能耗。最后，MC 对该路径中的停等传感器节点充电完成后，该停等充电传感器节点返回其原位置。MC 继续遍历哈密尔顿回路的路径并对传感器节点进行充电。

6.3.7.3 MC 充电完成后的传感数据协作采集

MC 和停等充电传感器节点在移动充电过程中会发送自己的位置信息到其邻居传感器节点，当其邻居传感器节点收到这些位置信息后会分享给其他传感器节点。网络中的传感器节点根据 MC、停等充电传感器节点及 Sink 节点的位置重新构建网络拓扑。MC 完成充电任务后，会返回停留位置等待下一轮的充电任务调度，此时 MC 将作为 Sink 节点进行数据协作采集，同样地，MC 发送自己的位置信息到其邻居传感器节点，网络中的传感器节点根据原 Sink 节点及 MC 的停留位置重新规划自己的路由路径，从而减少部分节点到 Sink 节点路径过长的问题，减少网络能耗，延长网络生存时间。

6.3.7.4　算法描述及举例

基于哈密尔顿路径的 MWRSNs 充电任务协同算法描述如算法 6-1 所示。

算法 6-1　基于哈密尔顿路径的 MWRSNs 充电任务协同算法（STCI-TR）

1：　任意移动可充电传感器节点 s_i 初始化节点 ID_i，位置信息 l_i 及移动速度 v_i

2：　移动可充电传感器网络根据 3.3.2 节构建初始网络拓扑

3：　while　（$\exists b_i' / b_i < \omega$）do

4：　　　发送充电请求消息（CRequest）

5：　　　MC 收到请求后，发送电量采集请求（BRequest）到网络中传感器节点

6：　　　　当传感器节点收到 BRequest 后发送包括 b_i'，τ_i'，l_i，ω 的回复消息（BReply）到 MC

7：　　　MC 收到 Breply 后根据 b_i'，l_i，ω 计算 T_{cti} 和 T_l

8：　　　MC 根据 6.3.3 节中确定停留位置的步骤获取其停留位置（x_{sp0}，y_{sp0}）

9：　　　MC 根据其停留位置计算 T_{cti} 和 T_l

10：　　　for（$i=1$，$i++$，$i \leq n$）do

11：　　　　　if　（$\tau_i' < T_l$）do

12：　　　　　　　MC 将该节点纳入充电传感器集合 $S_c=\{s_1, s_2, \cdots, s_q\}$，其中 $q \leq n$

13：　　　　　　　MC 计算充电传感器集合 S_c 中各节点充电电量

14：　　　　　end if

15：　　　　　if　（$T_l < \tau_i' < 2T_l$）do

16：　　　　　　　MC 根据 6.3.4 节建立完全图 G（S_p, S_c, Sink）并确定停等充电传感器集合 $S_{2,c}$

17：　　　　　　　MC 确定停等充电传感器集合各节点充电电量及其停等位置

18：　　　　　end if

19：　　　end for

20：　　　　　MC 根据 6.3.6 节确定完全图 G（S_p, S_c, Sink）中边的权值并建立哈密尔顿路径

21：　　　　　MC 根据建立的哈密尔顿路径沿边 $E_1=<S_p, s_1>$，$E_2=<s_1, s_2>$，$\cdots$，$E_q=<s_{q-1}, s_q>$，$E_{q+1}=<s_q, s_0>$，$E_{q+2}=<s_0, S_p>$ 开始移动进行充电

22：　　　　　　　if　（建立的哈密尔顿路径中有停等位置）　then

23：　　　　　　　　停等充电传感器 $s_{2,i}$ 移动至其对应的停等位置与 MC 会合进行充电

24：　　　　　　　　停等充电传感器 $s_{2,i}$ 在充电完成后返回其原位置

25:	end if
26:	MC 对传感器节点充电完成后移动至停留位置进行数据采集
27:	end while

算法举例如图 6-3 所示，假设有 12 个移动可充电传感器节点（s_1, s_2, …, s_{12}）部署在二维场景中，MC 从 Sink 节点的位置出发，对传感器节点进行充电。算法的开始阶段，假设传感器节点 s_1 的电量百分比低于 ω=0.05，发送充电任务请求信息 CRequest，MC 收到充电任务请求后，发送电量采集请求（BRequest）到网络中传感器节点。当传感器节点收到 BRequest 后发送各自包括剩余电量 b_i'、位置信息 l_i、电量百分比的回复消息（BReply）到MC，MC 收到 BReply 后计算所有传感器节点的充电周期 τ_i 及实际生存时间 τ_i'。

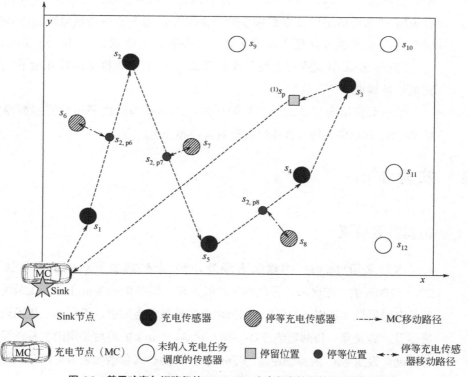

图 6-3 基于哈密尔顿路径的 MWRSNs 充电任务协同算法举例示意图

MC 根据 6.3.3 节中的步骤确定 MC 在第 1 轮的停留位置 $^{(1)}S_p$。MC 根据 6.3.4

节中的步骤确定充电传感器集合，该例中选择的充电传感器集合为$^{(1)}S_c=\{s_1, s_2, s_3, s_4, s_5\}$。MC 根据 6.3.5 节中的步骤确定停等充电传感器集合及其对应的停等位置。该例中选择的停等充电传感器集合为$^{(1)}S_{2,c}=\{s_6, s_7, s_8\}$，对应的停等点分别是 $s_{2,p6}$, $s_{2,p7}$, $s_{2,p8}$。根据 6.3.6 节中的步骤建立的哈密尔顿路径为<Sink→s_1→s_2→s_5→s_4→s_3→$^{(1)}S_p$→Sink>。

MC 移动对传感器节点进行充电。根据建立的哈密尔顿回路，MC 沿边 E_1=<s_0, s_1>，E_2=<s_1, s_2>，E_3=<s_2, s_5>，E_4=<s_5, s_4>，E_5=<s_4, s_3>，E_6=<s_3, $^{(1)}S_p$>，E_7=<$^{(1)}S_p$, s_0>开始移动。在初始时 MC 从 Sink（s_0）节点出发，E_1 中没有停留点，则直接移动至 s_2，在 E_2 中存在停等点 $s_{2,p6}$，则 MC 在 $s_{2,p6}$ 等待传感器节点 $S_{2,1}$ 到达 $s_{2,p6}$ 并进行充电，$s_{2,p6}$ 充电完成后返回原位置，而 MC 继续移动，直至完成 S_c 和 $S_{2,c}$ 中传感器节点的充电。然后，MC 沿边 E_6=<s_3, $^{(1)}S_p$>移动至停留位置$^{(1)}S_p$进行数据采集，传感器网络中的节点根据原 Sink 及 MC 的位置采用 GPSR 路由协议重新规划的路由路径。当下一轮传感器网络中存在传感节点的电量百分比低于ω，发出充电任务调度请求后，MC 沿 E_7=<$^{(1)}S_p$, s_0>，返回 Sink 节点进行电量补充，并从 Sink 节点的位置出发开始下一轮的充电任务调度。

下一节将结合具体的仿真实验场景，对本章提出的基于哈密尔顿路径的 MWRSNs 充电任务协同算法进行仿真验证和分析。

6.4 实验分析

6.4.1 仿真参数设置

本章采用 Matlab 构建仿真场景，50 个传感器节点随机部署在一个 200m×200m 的二维区域，服从均匀随机分布，即在 0~200m 中分别生成两组均匀分布随机数（每组 50 个）对应 50 个传感器节点的横、纵坐标，进而确定部署位置。假设移动传感器的任务不同，设定以 1m/s 的速度采用随机移动模型进行移动，设定 MC 的移动速度为 2m/s。具体的仿真参数如表 6-2 所示，传感器节点之间通信采用 ZigBee 802.15.4 协议。传感器节点的通信半径 $r_{c,i}$=50m，感知半径 $r_{s,i}$=20m，数据传输速率为 $r_{t,i}$=128 kbit/s，传感器节点的通信能耗参考文献[165]设置为 e_{elec}=50nJ/bit，ε_{fs}=10pJ/bit。传感器节点的初始能量为ε_0=1000J，传感器节点的移动能耗为 $e_{m,i}$=5J/m，MC 的移动能耗为 e_c=5J/m。传感器节点单位时间采集的数据大小为 D_i=128 bit/s，数据包的长度为 l_p=256 bit。

表 6-2　MWRSNs 充电任务协同算法仿真参数

标识	参数名称	数值
$r_{t,i}$	数据传输速率	128 kbit/s
$r_{c,i}$	传感器 i 通信半径	50 m
l_p	传感器数据包长度	256 bit
D_i	传感器单位时间内采集的数据大小	128 bit/s
e_{elec}	电子设备发射或接收数据的能耗	50 nJ/bit
ε_{fs}	无线天线放大器能耗	10 pJ/bit
ε_0	传感器初始能量	1000J
$e_{m,i}$	传感器单位移动能耗	5J/m
e_c	MC 单位移动能耗	5J/m
ε	Newton 法确定 MC 停留位置的终止误差	0.1

在本章的仿真中只有一个 Sink 节点采集数据，且位于坐标原点位置。分别运行 GreedyPlus[169]、DingXu[104]、ηPushWait[108]和 STCI-TR 算法验证充电任务协同算法的能耗及网络生存时间。其中，GreedyPlus 算法将无线传感器的充电问题转化为路径规划，采用启发式方法求解该问题从而最小化移动代价并延长无线传感器网络生存时间。ηPushWait 算法考虑了多个移动充电节点之间的协同，假设移动充电节点之间可以进行能量传递从而完成无线传感器的充电任务。DingXu 的方法将移动充电节点作为移动 Sink，在可充电无线传感器网络中提出了一种时变动态拓扑模型，对移动充电节点停留在维护站接受维护的时间与能量补给周期的比值提出了最优化问题，通过求解该优化问题，获得移动可充电传感器网络的动态拓扑和移动充电节点充电策略。

6.4.2　算法性能分析

图 6-4（a）是在传感器节点数量不同情况下运行 GreedyPlus、ηPushWait、DingXu 和 STCI-TR 算法的能量有效性对比。从图 6-4（a）中可以看出节点的能量有效性随着节点数量增加而降低不大，这是因为 MC 充电时的移动造成的能

耗增加占总能耗的比重不大。提出的 STCI-TR 算法将 MC 作为 Sink 节点进行协作采集，延长了网络生存时间，在相同时间情况下减少了 MC 的调度次数，降低了移动能耗。因此，STCI-TR 算法的能量有效性比 GreedyPlus 提高了 21.14%，比ηPushWait 提高了 11.86%，比 DingXu 提高了 5.51%。

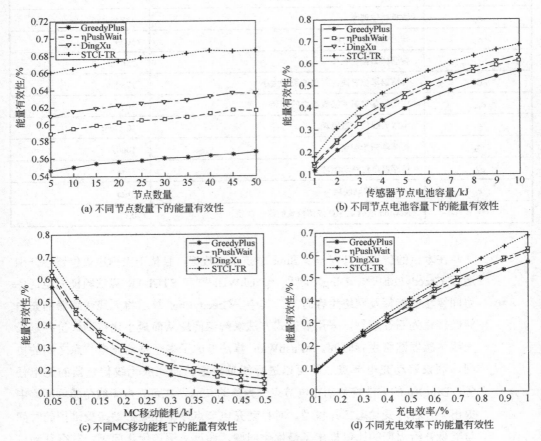

(a) 不同节点数量下的能量有效性

(b) 不同节点电池容量下的能量有效性

(c) 不同MC移动能耗下的能量有效性

(d) 不同充电效率下的能量有效性

图 6-4　不同情况下的能量有效性比较

图 6-4（b）是在传感器电池容量不同情况下运行 GreedyPlus、ηPushWait、DingXu 和 STCI-TR 算法的能量有效性对比。随着传感器节点电池容量的增加，所有方法的能量有效性都提高，这是由于节点电池容量的增加，使 MC 一次充电调度的能量增加，而此时移动造成的能耗没有增加，因此能量有效性提高。本书提出的 STCI-TR 算法将 MC 作为 Sink 节点进行协作采集，延长了网络生存时间，在相同时间情况下减少了 MC 的调度次数，降低了移动能耗。因此，在

传感器节点电池容量不同的情况下，STCI-TR 算法的能量有效性比 GreedyPlus 提高了 33.21%，比ηPushWait 提高了 17.99%，比 DingXu 提高了 12.52%。

图 6-4（c）是在 MC 移动能耗不同情况下运行 GreedyPlus、ηPushWait、DingXu 和 STCI-TR 算法的能量有效性对比。随着 MC 移动能耗的增加，所有方法的能量有效性都降低，这是由于 MC 移动能耗的增加，使 MC 移动时造成的能耗增加，因此能量有效性降低。提出的 STCI-TR 算法将 MC 作为 Sink 节点进行协作采集，一定程度上延长了网络生存时间，在相同时间情况下减少了 MC 的调度次数，降低了移动能耗。因此，在 MC 移动能耗不同的情况下 STCI-TR 算法的能量有效性比 GreedyPlus 提高了 44.17%，比ηPushWait 提高了 23.93%，比 DingXu 提高了 14.31%。

图 6-4（d）是在充电效率不同情况下运行 GreedyPlus、ηPushWait、DingXu 和 STCI-TR 算法的能量有效性对比。随着充电效率的增加，所有方法的能量有效性都提高，这是由于充电效率的增加，使 MC 充电时造成的充电能耗减少，因此能量有效性提高。本书提出的 STCI-TR 算法将 MC 作为 Sink 节点进行协作采集，一定程度上延长了网络生存时间，在相同时间情况下减少了 MC 的调度次数，降低了移动能耗。因此，在充电效率不同的情况下 STCI-TR 算法的能量有效性比 GreedyPlus 提高了 12.84%，比ηPushWait 提高了 6.96%，比 DingXu 提高了 5.25%。

图 6-5 是在传感器节点数量不同情况下运行 GreedyPlus、ηPushWait、DingXu 和 STCI-TR 算法的网络生存时间进行对比。根据表 6-2 仿真参数设置及 6.2.2.1 节的无线传感器网络传输能耗模型，单个传感器节点不移动且进行一跳数据传输情况下的生存时间约为 3.125×10^7s。随着节点数量的增加，所有方法的网络生存时间都缩短，这是由于节点数量的增加，离 Sink 节点最近的传感器节点能耗增加，缩短了传感器网络生存时间。本书提出的 STCI-TR 算法将 MC 作为 Sink 节点进行数据收集，延长了网络生存时间，延长了充电任务间隔，而 GreedyPlus 和ηPushWait 没有考虑 MC 作为 Sink 节点进行协作采集，因此 GreedyPlus 和ηPushWait 的网络生存时间相同。DingXu 考虑了 MC 作为 Sink 节点在充电过程中进行协作采集，而充电过程的时间相比整个网络生存时间较短，相比 GreedyPlus 和ηPushWait 增加较少。因此，在传感器节点数量不同的情况下提出的 STCI-TR 算法网络生存时间比 GreedyPlus 和ηPushWait 提高了 14.88%，比 DingXu 提高了 11.78%。

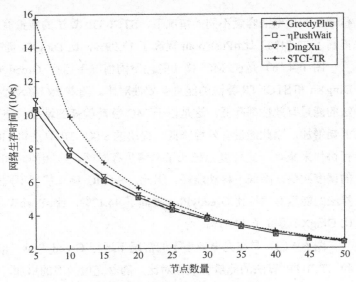

图 6-5 不同节点数量下的网络生存时间

图 6-6 是在传感器节点数量不同情况下运行 GreedyPlus、ηPushWait、DingXu 和 STCI-TR 算法的移动可充电传感器网络平均单位能耗对比。随着传感器节点数量的增加，所有方法的传感器网络平均单位能耗都提高，这是由于节点数量的增加，造成部分传感器节点到 Sink 节点路径增加，从而提高了传感器网络平均单位能耗。本书提出的 STCI-TR 算法将 MC 作为 Sink 节点进行协作采集，在充电及充电完成后重新进行路径规划，减少了部分传感器节点到 Sink 及 MC 的路径长度，降低了传感器网络能耗。GreedyPlus 和ηPushWait 没有考虑 MC 作为 Sink 节点进行协作采集，因此 GreedyPlus 和ηPushWait 的平均单位能耗相同。而 DingXu 仅考虑了 MC 作为移动 Sink 节点在充电过程中进行协作采集，没有考虑在充电调度完成后 MC 作为 Sink 节点进行协作采集的情况，则降低的传感器网络能耗较少。因此，在传感器节点数量不同的情况下 STCI-TR 算法的平均单位能耗比 GreedyPlus 和ηPushWait 下降了 7.30%，与 DingXu 相比下降了 5.57%。

图 6-7 是在传感器节点数量不同情况下运行 GreedyPlus、ηPushWait、DingXu 和 STCI-TR 算法的单位时间平均移动损耗对比。随着传感器节点数量的增加，所有方法的单位时间平均移动损耗都提高，这是由于节点数量的增加，使 MC 充电造成的移动能耗增加，单位时间平均移动损耗提高。本书提出的 STCI-TR 算法将 MC 作为 Sink 节点进行协作采集，在充电及充电完成后都进行路径规划，提高了网络生存时间，在相同时间情况下减少了 MC 的调度次数，降低了单位时间平均移动损耗。GreedyPlus 和ηPushWait 算法没有考虑 MC 作为

Sink 节点进行协作采集，造成部分传感器节点到 Sink 节点过长，网络生存时间短及 MC 调度频率较高，因此单位时间平均移动损耗大。DingXu 算法考虑了 MC 在充电过程中作为移动 Sink 节点进行协作采集，但没有考虑在充电调度完成后 MC 作为 Sink 节点进行协作采集的情况，网络生存时间较短。因此，在传感器节点数量不同的情况下 STCI-TR 算法的平均单位损耗比 GreedyPlus 和 ηPushWait 分别降低了 17.76% 和 12.30%，比 DingXu 降低了 9.33%。

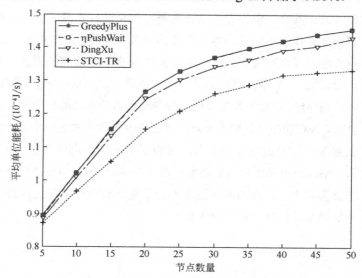

图 6-6　不同节点数量的传感器网络的平均单位能耗

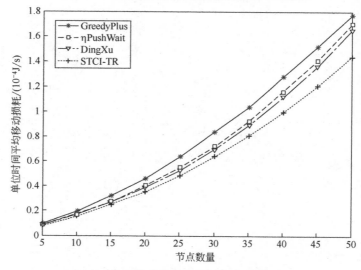

图 6-7　不同节点数量下的单位时间平均移动损耗

6.5　本章小结

　　本章针对无线可充电传感器网络，提出了一种基于哈密尔顿路径的无线可充电传感器网络充电任务协同算法。首先，考虑 MC 作为移动 Sink 节点对移动可充电传感器网络的拓扑及生存时间的影响，确定了 MC 的停留位置及充电任务间隔。其次，根据充电任务间隔选择充电传感器节点，且将下一轮的充电传感器节点作为本轮的停等充电传感器节点并确定停等位置。再次，MC 根据充电传感器节点的位置、Sink 节点的位置及 MC 停留位置建立无向完全图，并采用改进的 C-W 节约算法建立哈密尔顿路径。然后，MC 根据该路径进行移动充电，当 MC 经过停等位置时，停等传感器节点移动至所计算的停等位置与 MC 会合。MC 和停等传感器节点通过协作移动的方式进行充电。这样避免了 MC 节点在下一轮对该节点的充电，减少了下一轮充电任务中 MC 的移动能耗。最后，MC 充电完成后返回停留位置作为移动 Sink 节点协作地对数据进行采集。仿真实验表明，提出的算法能够提高充电有效性并延长网络生存时间，减少网络能耗及单位时间内平均移动损耗。

后 记 ●○

　　本书首先介绍了移动传感器网络拓扑重构及任务协同相关概念、研究现状以及存在的问题。针对移动传感器网络中拓扑重构存在的问题，分别针对气体泄漏监测场景的 MWSNs 及高速公路的 VSNs 提出了两种拓扑重构机制，并对这两种算法进行仿真验证和性能分析；针对移动多媒体传感器网络和移动可充电传感器网络任务协同存在的问题，分别提出了两种新的任务协同算法，并对这两种算法进行了仿真验证和性能分析。

　　（1）主要研究工作总结

　　本书取得的成果有：

　　① 设计并仿真实现了基于虚拟力的 3D 移动传感器网络拓扑重构机制。该机制针对气体泄漏监测范围不同的场景提出了基于虚拟力的 3D 自组织拓扑重构算法和分层优先级 3D 拓扑重构算法，实现了移动传感器网络拓扑重构；在这两种场景下能够提高网络覆盖率，减少能耗，延长生存时间，适应于气体泄漏监测的移动传感器网络拓扑重构。

　　② 设计并仿真实现了基于预测的车辆传感器网络拓扑重构机制。该机制考虑了负载均衡及延迟容忍时间的情况，并通过预测车辆的到达时间及停留时间进行 VSNs 的动态拓扑重构，减少了网络能耗并延长了生存时间，适用于 VSNs 中网络的动态拓扑重构。

　　③ 设计并仿真实现了移动多媒体传感器网络的图像压缩任务协同机制。该机制针对网络中单个节点存储、处理能力和能量受限的情况，考虑了图像压缩任务的成本、任务执行时间和网络能耗，实现了移动多媒体传感器网络的图像压缩任务协同，适用于动态的无线多媒体传感器网络中的任务分解和分配。

　　④ 设计并仿真实现了基于哈密尔顿路径的 MWRSNs 充电任务协同机制。该机制考虑了 MC 与下一轮充电传感器节点的协作移动充电，能够提高移动充电过程中的能量有效性，延长了网络生存时间，降低了网络能耗及单位时间平均移动损耗，适用于无线可充电传感器网络中的充电任务调度。

　　（2）下一步工作展望

　　本书提出的拓扑重构机制和任务协同机制分别在各自的网络环境中具有一

定普遍性，书中网络参数的设定与实际的应用场景相比具有一定的差异。因此，在具体的技术和算法设计方面还有进一步改进和研究的空间，主要包括以下四个方面。

① 在移动传感器网络进行气体泄漏监测中，研究更加贴近实际的场景，在未来的研究中将考虑多个泄漏点情况下传感器节点对边界的自主识别及移动传感器网络的拓扑重构，提高网络的有效覆盖率。

② 在车辆传感器网络的拓扑重构中，考虑了路边无线传感器网络的能耗，未来将考虑车辆的能耗、网络传输延迟及通信资源的占用情况，在进行拓扑重构时建立多目标决策模型，在减少网络拓扑重构能耗及传输延迟的同时提高网络吞吐率及数据传输的效率。

③ 基于动态联盟的图像压缩任务协同算法中，对于完成一个图像压缩子任务的成本可进一步深入研究，提出合理的完成一个图像压缩子任务的成本计算方法，在任务分配中还将考虑带宽、能耗等参数，确保任务分配的合理性。

④ 在移动可充电传感器网络中，可进一步考虑网络多个 MC 的协同、传感器节点之间的协同以及未来在三维场景中的任务协同，提高充电任务效率及能量有效性，从而适应移动传感器网络的各类应用。

因作者精力和学识有限，书中难免存在不妥甚至错误之处，敬请各位专家批评指正。

附 录 主要符号说明 •◦

符号	英文全称	中文全称
WSNs	Wireless Sensor Networks	无线传感器网络
MWSNs	Mobile Wireless Sensor Networks	移动传感器网络
WRSNs	Wireless Rechargeable Sensor Networks	无线可充电传感器网络
MWRSNs	Mobile Wireless Rechargeable Sensor Networks	移动可充电传感器网络
WMSNs	Wireless Multimedia Sensor Networks	无线多媒体传感器网络
MWMSNs	Mobile Wireless Multimedia Sensor Networks	移动多媒体传感器网络
VSNs	Vehicular Sensor Networks	车辆传感器网络
GG	Gabriel Graph	Gabriel 图
RNG	Relative Neighbourhood Graph	相对领域图
LMST	Local Minimum Spanning Tree	局部最小生成树
DT	Delaunay Triangulation Graph	Delaunay 三角剖分图
3D	Three Dimensional	三维
MC	Mobile Charger	移动充电节点
MAC	Medium Access Control	介质访问控制
CBTC	Cone-based Distributed Topology-control	锥型分布式拓扑控制
LMA	Local Mean Algorithm	局部均值算法
TSP	Travelling Salesman Problem	旅行商问题
HCDD	Hierarchical Cluster-based Data Dissemination Scheme	基于聚类的数据分发方案
SDD	Energy-efficient Streaming Data Delivery	节能流数据传输
MILP	Mixed-integer Linear Programming	混合整数线性规划
BRH-MDG	Bounded Relay Hop Mobile Data Gathering	有限中继跳数的移动数据采集
GTS	Guaranteed Time Slot	保障时隙
SMART	Localized Scan-based Movement-assisted Sensor Deployment Method	基于扫描的移动辅助传感器节点部署方法
BP-CMPR	Bandwidth-power Aware Cooperative Multi-path Routing	带宽功率感知协作多路径路由
PSNR	Peak Signal to Noise Ratio	峰值信噪比
PEMuR	Power Efficient Multimedia Routing	节能的多媒体路由
QoS	Quality of Service	服务质量
GOP	Group of Pictures	画面组
SCs	Hierarchically Higher Special Chargers	分级较高的特殊充电节点

符号	英文全称	中文全称
GPS	Global Positioning System	全球定位系统
GRSS	Gravity-based 3D Self-organization Topology Reconstruction Algorithm for the Mobile Sensors Network and Sink	基于虚拟力的移动传感器网络3D自组织拓扑重构算法
PRSS	Priority-based 3D Topology Reconstruction Algorithm for the Mobile Sensors Network	基于虚拟力的分层优先级3D传感器网络拓扑重构算法
3DSD	3D Self-deployment Algorithm	3D自组织部署算法
DSRC	Dedicated Short Range Communications	专用短程通信技术
GPSR	Greedy Perimeter Stateless Routing	基于位置的路由协议
CRSR	Topology Reconstruction Algorithm based on Residence Time for VSNs	基于停留时间的VSNs拓扑重构算法
CDCP	Collaborative Data Collection Protocol	协作数据收集协议
FFT	Fast Fourier Transformation	快速傅里叶变换
ULN	Union Leader Node	联盟主节点
ULS	Union Leader Node Set	联盟盟主节点集合
UCN	Union Cooperative Node	联盟协作节点
UCS	Union Cooperative Node Set	联盟协作节点集合
TCU	Task Collaboration Union	任务协同联盟
TSPT	Task Stable Processing Time	任务稳定执行时间
SVD	Singular Value Decomposition	奇异值分解
KKT	Karush-Kuhn-Tucker	库恩塔克条件
DCF	Distributed Coordination Function	分布式协调功能
TASIM	Task Allocation Algorithm based on Score Incentive Mechanism	基于评分激励机制的任务分配算法
ADA	Average Distribution Algorithm	平均分配算法
ATDA	Task Allocation Algorithm based on Dynamic Alliance	基于动态联盟的任务分配算法
EUE	Energy Usage Effective	能量有效性
AEUT	Average Energy of Unit Time	单位时间平均移动损耗
STCI-TR	Charging Task Cooperative Algorithm of MWRSNs Based on Hamiltonian Path	基于哈密尔顿路径的MWRSNs充电任务协同算法

参考文献 ●○

[1] 王殊，阎毓杰，胡富平，等. 无线传感器网络的理论及应用[M]. 北京：北京航空航天大学出版社，2007.

[2] Santi P. Topology control in wireless ad hoc and sensor networks [J]. ACM Computing Surveys，2005，37（2）：164-194.

[3] 张学，陆桑璐，陈贵海，等. 无线传感器网络的拓扑控制[J]. 软件学报，2007，18（4）：943-954.

[4] Santi P，Blough D M. The critical transmitting range for connectivity in sparse wireless ad hoc networks [J]. IEEE Transactions on Mobile Computing，2003，2（1）：25-39.

[5] Meguerdichian S，Koushanfar F，Potkonjak M，et.al. Coverage problems in wireless ad-hoc sensor networks [C]. Proc of the IEEE INFOCOM 2001，IEEE Press，2001：1380-1387.

[6] Gupta H，Zhou Z，Das S R，et al. Connected sensor cover：self-organization of sensor networks for efficient query execution [J]. IEEE/ACM Transactions on Networking，2006，14（1）：55-67.

[7] Lin F Y S，Chiu P L. A Near-optimal sensor placement algorithm to achieve complete coverage-discrimination in sensor networks [J]. IEEE Communications Letters，2005，9（1）：43-45.

[8] Meguerdichian S，Koushanfar F，Potkonjak M. Coverage problems in wireless ad hoc sensor network [C]. Proc of the IEEE INFOCOM 2001，IEEE Press，2001：1380-1387.

[9] Chang J H，Tssiulas L. Energy conserving routing in wireless ad-hoc networks [C]. Proc of the IEEE INFOCOM 2001，IEEE Press，2000：22-31.

[10] Wieselthier J E，Nguyeu G D，Ephremides A. Resource management in energy-limited，bandwidth-limited，transceiver-limited wireless networks for session-based multicasting [J]. Computer Networks，2002，39（2）：113-131.

[11] Toh C K. Maximum battery life routing to support ubiquitous mobile computing in wireless ad hoc networks [J]. IEEE Communications Magazine，2001，39（6）：138-147.

[12] Chen B，Jamieson K，Balakrishnan H，et al. SPAN：An energy efficient coordination algorithm for topology maintenance in ad hoc wireless networks [J]. ACM Wireless Networks，2002，8（5）：481-494.

[13] Kalpakis K. Efficient algorithms for maximum lifetime data gathering and aggregation in wireless sensor networks [J]. Computer Networks：The International Journal of Computer and Telecommunications Networking. 2003，42（6）：697-716.

[14] Slijepcevic S，Potkonjak M. Power efficient organization of wireless sensor networks [C]. Proc of the IEEE International Conference on Communications （ICC 2001），IEEE Press，2001，2：472-476.

[15] Gupta P，Kumar P R. The capacity of wireless networks [J]. IEEE Transactions on Information Theory，2000，46（2）：388-404.

[16] Kawadia V. Protocols and architecture for wireless ad hoc networks [D]. Urbana：University of Illinois at Urbana-Champaign，2004.

[17] Narayanaswamy S，Kawadia V，Sreenivas R S，et al. Power control in ad hoc networks，theory，architecture，algorithm and implementation of the COMPOW protocol [C]. Proc of the European wireless conference 2002，IEEE Press，2002：152-162.

[18] Li L，Halpem J Y，Bahl P，et al. A cone-based distributed topology-control algorithm for wireless multi-hop networks [J]. IEEE/ACM Transactions on Networking，2005，13（1）：147-159.

[19] Kubisch M，Karl H，Wolisz A，et al. Distributed algorithms for transmission power control in wireless sensor networks [C]. Proc of the IEEE Wireless Communications and Networking 2003，IEEE Press，2003：558-563.

[20] Gabriel K R，Sokal R R. A new statistical approach to geographic variation analysis [J]. Systematic Zoology，1969，18（3）：259-279.

[21] Toussaint G T. The relative neighbourhood graph of a finite planar set [J]. Pattern Recognition，1980，12（4）：261-268.

[22] Li N，Hou J C，Sha L. Design and analysis of an MST-based topology control algorithm [C]. Proc of the IEEE INFOCOM 2003，IEEE Press，2003：1702-1712.

[23] Dobkin D P，Friedman S J，Supowit K J. Delaunay graphs are almost as good as complete graphs [J]. Discrete & Computational Geometry，1990，5（4）：399-407.

[24] Yao A C C. On constructing minimum spanning trees in k-dimensional spaces and related problems [J]. SIAM Journal on Computing，1982，11（4）：721-736.

[25] Liu Y，Liang W. Prolonging network lifetime for target coverage in sensor

networks [J]. Lecture Ncrtes in Computer Science，2008，5258：212-223.

[26]　Kim E H. A density control scheme based on disjoint wakeup scheduling in wireless sensor networks [M]. Advanced Technologies，Embedded and Multimedia for Human-centric Computing，Springer Netherlands，2014：501-506.

[27]　Xu Y，Fang J，Zhu W，et al. Differential evolution for lifetime maximization of heterogeneous wireless sensor networks [J]. Mathematical Problems in Engineering，2013，2013（4）：802-815.

[28]　He J S，Cai Z，Ji S，et al. A genetic algorithm for constructing a reliable MCDS in probabilistic wireless networks [M]. Wireless Algorithms，Systems，and Applications，Springer Berlin Heidelberg，2011：96-107.

[29]　Deng X，Wang B，Wang N，et al. Sensor scheduling for confident information coverage in wireless sensor networks [C]. Proc of the IEEE Wireless Communications and Networking（WCNC 2013），IEEE Press，2013：1027-1031.

[30]　Zhong J，Zhang J. Energy-efficient local wake-up scheduling in wireless sensor networks [C]. Proc of the 2011 IEEE Congress on Evolutionary Computation，IEEE Press，2011：2280-2284.

[31]　Zairi S，Zouari B，Niel E，et al. Nodes self-scheduling approach for maximizing wireless sensor network lifetime based on remaining energy [J]. IET wireless sensor systems，2012，2（1）：52-62.

[32]　Bulut E，Korpeoglu I. Sleep scheduling with expected common coverage in wireless sensor networks [J]. Wireless Networks，2011，17（1）：19-40.

[33]　崔平付. 基于博弈的移动传感器网络路由算法研究[D]. 重庆：重庆邮电大学，2016.

[34]　Liu Q S，Zhou J E，Zhang P N. Adaptive cache management method for opportunistic network based on number of message copies [J]. Journal of Chongqing University of Posts & Telecommunications，2011，23（4）：394-399.

[35]　Kim H，Kim B K. Online minimum-energy trajectory planning and control on a straight-line path for three-wheeled omnidirectional mobile robots [J]. IEEE Transactions on Industrial Electronics，2014，61（61）：4771-4779.

[36]　Gao S，Zhang H，Das S K. Efficient data collection in wireless sensor networks with Path-Constrained Mobile Sinks [J]. IEEE Transactions on Mobile Computing，2011，10（5）：592-608.

[37]　Gao S，Zhang H，Song T，et al. Network lifetime and throughput maximization in wireless sensor networks with a path-constrained mobile sink [C]. Proc of the 6th International Conference on Communications and Mobile Computing，ACM

Press，2010：298-302.

[38] Zhao M，Yang Y，Wang C. Mobile data gathering with load balanced clustering and dual data uploading in wireless sensor networks [J]. IEEE Transactions on Mobile Computing，2015，14（4）：770-785.

[39] 袁远，彭宇行，李姗姗，等. 高效的移动 Sink 路由问题的启发式算法[J]. 通信学报，2011，32（10）：107-117.

[40] He L，Pan J，Xu J. A progressive approach to reducing data collection latency in wireless sensor networks with Mobile elements [J]. IEEE Transactions on Mobile Comptuing，2013，12（7）：1308-1320.

[41] Zhou Z，Du C，Shu L，et al. An energy-balanced heuristic for mobile sink scheduling in hybrid WSNs [J]. IEEE Transactions on Industrial Informatics，2015，12（1）：28-40.

[42] Shah R，Roy S，Jain S，et al. Data MULEs：modeling and analysis of a Three-Tier architecture for sparse sensor networks [J]. Ad Hoc Networks，2003，1（2–3）：215-233.

[43] Kweon K，Ghim H，Hong J，et al. Grid-based Energy-efficient routing from multiple sources to multiple mobile sinks in wireless sensor networks [C]. Proc of the 4th International Symposium on Wireless Pervasive Computing. Melbourne，IEEE Press，2009：1-5.

[44] Lin C J，Chou P L，Chou C F. HCDD：hierarchical cluster-based data dissemination in wireless sensor networks with mobile sink [C]. Proc of the International Conference on Wireless Communications and Mobile Computing 2006，ACM Press，2006：1189-1194.

[45] Cheng L，Das S K，Francesco M D，et al. Streaming data delivery in multi-hop cluster-based wireless sensor networks with mobile sinks [C]. Proc of the IEEE International Symposium on a World of Wireless，Mobile and Multimedia Networks（WOWMOM 2011），IEEE Press，2011：1-9.

[46] Yu F，LEE E，PARK S. A simple location propagation scheme for mobile sink in wireless sensor networks [J]. IEEE Communications Letters，2010，14（4）：321-323.

[47] Tashtarian F，Hossein Y M M，Sohraby K，et al. On maximizing the lifetime of wireless sensor networks in Event-Driven applications with mobile sinks [J]. IEEE Transactions on Vehicular Technology，2015，64（7）：3177-3189.

[48] Bi Y，Sun L，Ma J，Li N，et al. HUMS：an autonomous moving strategy for mobile sinks in data-gathering sensor networks [J]. EURASIP Journal on Wireless

Communications and Networking，2007，2007（1）：211-216.

[49] Basagni S，Carosi A，Melachrinoudis E，et al. Controlled sink mobility for prolonging wireless sensor networks lifetime [J]. Wireless Networks，2008，14（6）：831-858.

[50] Wang C F，Shih J D，Pan B H，et al. A network lifetime enhancement method for sink relocation and its analysis in wireless sensor networks [J]. IEEE Sensors Journal，2014，14（6）：1932-1943.

[51] Mudigonda M，Kanipakam T，Dutko A，et al. A mobility management framework for optimizing the trajectory of a mobile base-station [M]. Springer Berlin Heidelberg，2011：81-97.

[52] Liang W，Luo J. Network lifetime maximization in sensor networks with multiple mobile sinks [C]. Proce of the 36th IEEE Conference on Local Computer Networks，2011：350-357.

[53] Maia G，Guidoni D L，Viana A C，et al. A distributed data storage protocol for heterogeneous wireless sensor networks with mobile sinks [J]. Ad Hoc Networks，2013，11（5）：1588-1602.

[54] Zhao M，Yang Y. Bounded relay hop mobile data gathering in wireless sensor networks [J]. IEEE Transactions on Computers，2012，61（2）：265-277.

[55] Chowdhury S，Giri C. Data collection point based mobile data gathering scheme with relay hop constraint [C]. Proc of the International Conference on advances in Computing，Communications and Informatics（ICACCI 2013），IEEE Press，2013：282-287.

[56] Sajadian S，Ibrahim A，De Freitas E P，et al. Improving Connectivity of Nodes in Mobile WSN [C]. Proc of the 25th IEEE International Conference on Advanced Information Networking and Applications（AINA 2011），IEEE Press，2011，55（11）：364-371.

[57] 李晓记，陈晨，仇洪冰，等. 基于移动性感知的无线传感器网络 GTS 自适应分配策略 [J]. 通信学报，2010，31（10）：212-220.

[58] Parekh A K. Selecting routers in ad-hoc wireless networks [C]. Proc of the SBT/IEEE International Telecommunications Symposium 1994，IEEE Press，1994.

[59] Lehsaini M，Guyennet H，Feham M. CES：Cluster-based Energy-efficient scheme for mobile wireless sensor networks [M]. Springer US，2008：13-24.

[60] Koucheryavy A，Salim A. Prediction-based clustering algorithm for mobile wireless sensor networks [C]. Proc of the 12th international Conference on

Advanced Communication Technology （ICACT 2010），IEEE Press，2010：
1209-1215.

[61] Olfati-Saber R. Flocking for Multi-agent dynamic systems：algorithms and theory
[J]. IEEE Transactions on Automatic Control，2006，51（3）：401-420.

[62] Zou Y，Chakrabarty K. Sensor deployment and target localization based on virtual
forces [C]. IEEE INFOCOM 2003，IEEE Press，2003：1293-1303.

[63] Wang G，Cao G，Porta T F L. Movement-assisted sensor deployment [J]. IEEE
Transactions on Mobile Computing，2006，5（6）：640-652.

[64] Wu J，Yang S. SMART：a scan-based movement-assisted sensor deployment
method in wireless sensor networks [C]. IEEE INFOCOM 2005，IEEE Press，
2005：2313-2324.

[65] Bartolini N，Calamoneri T，Porta T F L，et al，Autonomous deployment of
heterogeneous mobile sensors [J]. IEEE Transactions on Mobile Computing，
2011，10（6）：753-766.

[66] Lin T Y，Santoso H A，Wu K R. Global sensor deployment and local coverage-
aware recovery schemes for smart environments [J]. IEEE Transactions on Mobile
Computing，2015，14（7）：1382-1396.

[67] Akyildiz I F，Melodia T，Chowdhury K R. A survey on wireless multimedia
sensor networks [J]. Computer Networks，2007，51（4）：921-960.

[68] 韩崇. 无线传感器网络多媒体信息协作处理技术研究 [D]. 南京：南京邮电
大学，2013.

[69] Yang H，Qing L，He X，et al. Robust distributed video voding for wireless
multimedia sensor networks [J]. Multimedia Tools & Applications，2017：1-23.

[70] Nandhini S A，Radha S. Efficient compressed Sensing-based security approach
for video surveillance application in wireless multimedia sensor networks [J].
Computers & Electrical Engineering，2017（60）：175-192.

[71] Dai R，Akyildiz I F. A spatial correlation model for visual information in wireless
multimedia sensor networks [J]. IEEE Transactions on Multimedia，2009，11
（6）：1148-1159.

[72] Shen H，Bai G. Routing in wireless multimedia sensor networks：a survey and
challenges ahead [J]. Journal of Network & Computer Applications，2016，71：
30-49.

[73] Zuo Z，Lu Q，Luo W. A two-hop clustered image transmission scheme for
maximizing network lifetime in wireless multimedia sensor networks [J].
Computer Communications，2012，35（1）：100-108.

[74] Xu H, Huang L, Qiao C, et al. Bandwidth-power aware cooperative multipath routing for wireless multimedia sensor networks [J]. IEEE Transactions on Wireless Communications, 2012, 11 (4) : 1532-1543.

[75] Jin Y, Li R, Dai H, et al. QoS guarantee protocol based on combination of opportunistic dynamic cloud service and cooperative multimedia stream for wireless sensor networks [J]. Eurasip Journal on Wireless Communications & Networking, 2015, 2015 (1) : 166.

[76] Kandris D, Tsagkaropoulos M, Politis I, et al. Energy efficient and perceived QoS aware video routing over Wireless Multimedia Sensor Networks [J]. Ad Hoc Networks, 2011, 9 (4) : 591-607.

[77] Ming Z J, Wang Y I, Ming X Z, et al. Rate allocation for wireless multimedia sensor networks using pricing mechanism [J]. Journal of Sensors, 2015, 2015 (2015-1-22) : 1-7.

[78] Redondi A, Cesana M, Tagliasacchi M, et al. Cooperative image analysis in visual sensor networks [J]. Ad Hoc Networks, 2015, 28 (C) : 38-51.

[79] Jin Y, Vural S, Gluhak A, et al. Dynamic task allocation in multi-hop multimedia wireless sensor networks with low mobility [J]. Sensors, 2013, 13 (10) : 13998-4028.

[80] Page A J, Keane T M, Naughton T J. Multi-heuristic dynamic task allocation using genetic algorithms in a heterogeneous distributed system [J]. Journal of Parallel and Distributed Computing, 2010, (70) : 758-766.

[81] Kyrkou C, Theocharides T, Panayiotou C, et al. Distributed adaptive task allocation for energy conservation in camera sensor networks [C]. The Proc of International Conference on Distributed Smart Cameras, ACM Press, 2015: 92-97.

[82] Edalat N, Motani M. Energy-aware task allocation for energy harvesting sensor networks [J]. Eurasip Journal on Wireless Communications & Networking, 2016, 2016 (1) : 28.

[83] Sheu T, Shang Y. Pipelined forwarding with energy balance in hexagonal wireless sensor networks [J]. Wireless Communications & Mobile Computing, 2015, 14 (18) : 1720-1731.

[84] Guo W, Li J, Chen G, et al. A PSO-optimized Real-time Fault-tolerant task allocation algorithm in wireless sensor networks [J]. IEEE Transactions on Parallel & Distributed Systems, 2015, 26 (12) : 3236-3249.

[85] Pezoa J, Dhakal S, Hayat M. Maximizing service reliability in distributed

computing systems with random node failures: Theory and implementation [J]. IEEE Transactions on Parallel and Distributed Systems, 2010, (21): 1531-1544.

[86]   Guo W Z, Chen J Y, Chen G L, et al. Trust dynamic task allocation algorithm with Nash equilibrium for heterogeneous wireless sensor network [J]. Security & Communication Networks, 2015, 8 (10): 1865-1877.

[87]   张永敏. 可充电传感器网络的资源管理与优化研究 [D]. 杭州: 浙江大学, 2015.

[88]   Kurs A, Karalis A, Moffatt R, et al. Wireless power transfer via strongly coupled magnetic resonances [J]. Science, 2007, 317 (5834): 83-86.

[89]   Karalis A, Kurs A. Tunable wireless energy transfer for outdoor lighting applications [P]. US Patent, 8, 466, 583 B2, 2013.

[90]   Karalis A, Kurs A. Wireless power transmission apparatus [P].US Patent, 2012/0248884 Al, 2012.

[91]   Karalis A, Kurs A. Wireless energy transfer systems [P]. U S Patent, 2013/0175875 Al, 2013.

[92]   Xie L G, Shi Y, Hou Y T, et al. On renewable sensor networks with energy transfer: the multi-node case [C]. Proc of 9th Annual IEEE Communications Society Conference on Sensor, Mesh and Ad Hoc Communications and Networks, IEEE Press, 2012: 10-18.

[93]   Shu Y, Yousefi H, Cheng P, et al. Optimal velocity control for Time-bounded mobile charging in wireless rechargeable sensor networks [J]. IEEE Transactions on Mobile Computing, 2016, 15 (7): 1699-1713.

[94]   Shu Y, Kang G S, Chen J, et al. Joint energy replenishment and operation scheduling in wireless rechargeable sensor networks [J]. IEEE Transactions on Industrial Informatics, 2017, 13 (1): 125-134.

[95]   Fu L, Cheng P, Gu Y, et al. Optimal charging in wireless rechargeable sensor networks [J]. IEEE Transactions on Vehicular Technology, 2016, 65 (1): 278-291.

[96]   Ye X, Liang W. Charging utility maximization in wireless rechargeable sensor networks [J]. Wireless Networks, 2016: 1-13.

[97]   Fu L, He L, Cheng P, et al. ESync: energy synchronized mobile charging in rechargeable wireless sensor networks [J]. IEEE Transactions on Vehicular Technology, 2016, 65 (9): 7415-7431.

[98]   Xie L, Shi Y, Hou Y T, et al. Multi-node wireless energy charging in sensor networks [J]. IEEE/ACM Transactions on Networking, 2015, 23 (2): 437-450.

[99]   Li Z，Peng Y，Zhang W，et al. J-RoC：A joint routing and charging scheme to prolong sensor network lifetime [C]. Proc of the nineteenth IEEE International Conference on Network Protocols （ICNP），IEEE Press，2011：373-382.

[100]   韩江洪，丁煦，石雷，等.无线传感器网络时变充电和动态数据路由算法研究[J].通信学报，2012，33（12）：1-10.

[101]   Wang C，Li J，Ye F，et al. A mobile data gathering framework for wireless rechargeable sensor networks with vehicle movement costs and capacity constraints [J]. IEEE Transactions on Computers，2016，65（8）：2411-2427.

[102]   Li X，Tang Q，Sun C. Energy efficient dispatch strategy for the Dual-functional mobile Sink in wireless rechargeable sensor networks [J]. Wireless Networks，2016：1-11.

[103]   Zhang Y，He S，Chen J. Near optimal data gathering in rechargeable sensor networks with a mobile Sink [J]. IEEE Transactions on Mobile Computing，2017，16（6）：1718-1729.

[104]   丁煦，韩江洪，石雷，等. 可充电无线传感器网络动态拓扑问题研究[J]. 通信学报，2015，36（1）：129-141.

[105]   陈雪寒，陈志刚，张德宇，等. C-MCC：无线可充电传感器网络中一种基于分簇的多 MC 协同充电策略[J]. 小型微型计算机系统，2014，35（10）：2231-2236.

[106]   Madhja A，Nikoletseas S，Raptis T P. Hierarchical，Collaborative wireless charging in sensor networks [C]. Proc of Wireless Communications and Networking Conference （WCNC 2015），IEEE Press，2015：1285-1290.

[107]   Zhao J，Dai X，Wang X. Scheduling with collaborative mobile chargers Inter-WSNs [J]. International Journal of Distributed Sensor Networks，vol.2015，Article ID 921397.

[108]   Zhang S，Wu J. Collaborative mobile charging [M]. Springer International Publishing，2016：654-667.

[109]   Hung L L，Chiao S L. A cooperative mechanism for monitoring in rechargeable wireless mobile sensor networks [C]. Proc of Seventh International Conference on Ubiquitous and Future Networks，IEEE Press，2015：208-213.

[110]   Lin C，Han D，Deng J，et al. P^2S：A primary and Passer-by scheduling algorithm for On-demand charging architecture in wireless rechargeable sensor networks [J]. IEEE Transactions on Vehicular Technology，2017（99）：1-12.

[111]   Lin C，Wu Y，Liu Z，et al. GTCharge：A game theoretical collaborative charging scheme for wireless rechargeable sensor networks [J]. Journal of

Systems & Software，2016，121：88-104.

[112] Khalfallah Z，Fajjariy I，Aitsaadiz N，et al. A new WSN deployment algorithm for water pollution monitoring in Amazon rainforest rivers[C]. Proc of the Global Communications Conference （GLOBECOM），IEEE Press，2014：267-273.

[113] Guo Y，Kong F，Zhu D，et al. Sensor placement for lifetime maximization in monitoring oil pipelines[C]. Proc of the ACM/IEEE International Conference on Cyber-physical Systems （ICCPS 10），IEEE Press，2010：61-68.

[114] Gupta H P，Rao S V，Tamarapalli V. Analysis of stochastic k-Coverage and connectivity in sensor networks with boundary deployment [J]. IEEE Transactions on Intelligent Transportation Systems，2015，16（4）：1861-1871.

[115] Bartolini N，Bongiovanni G，Porta T L，et al. On the security vulnerabilities of the virtual force approach to mobile sensor deployment [C]. Proc of the IEEE International Conference on Computer Communications （INFOCOM），IEEE Press，2013：2418-2426.

[116] Wu C H，Lee K C，Chung Y C. A delaunay triangulation based method for wireless sensor network deployment [J]. Computer Communications，2006，30 （14）：2744-2752.

[117] Bartolini N，Bongiovanni G，Porta T F L，et al. On the vulnerabilities of the virtual force approach to mobile sensor deployment [J]. IEEE Transactions on Mobile Computing，2014，13（11）：2592-2605.

[118] Mahboubi H，Moezzi K，Aghdam A G，et al. Distributed deployment algorithms for efficient coverage in a network of mobile sensors with nonidentical sensing capabilities [J]. IEEE Transactions on Vehicular Technology，2014，63 （8）：3998-4016.

[119] Wang Y C，Tseng Y C. Distributed deployment schemes for mobile wireless sensor networks to ensure multilevel coverage [J]. IEEE Transactions on Parallel & Distributed Systems，2008，19（9）：1280-1294.

[120] Huang G，Chen D，Liu X. A node deployment strategy for blindness avoiding in wireless sensor networks [J]. Communications Letters IEEE，2015，19 （6）：1005-1008.

[121] Alam S M N，Haas Z J. Coverage and connectivity in Three-dimensional networks with random node deployment [J]. Ad Hoc Networks，2015，34：157-169.

[122] Huang J，Sun L，Wei X，et al. Redundancy model and boundary effects based

coverage-enhancing algorithm for 3D underwater sensor networks [J]. International Journal of Distributed Sensor Networks，2014，10（4）：589692.

[123]　Wang Z，Wang B，Xiong Z. A novel coverage algorithm based on 3D-voronoi cell for underwater wireless sensor networks [C]. Proc of the International Conference on Wireless Communications & Signal Processing （WCSP 2015），IEEE Press，2015：1-5.

[124]　Jiang P，Liu S，Liu J，et al. A Depth-adjustment deployment algorithm based on Two-dimensional convex hull and spanning tree for underwater wireless sensor networks [J]. Sensors，2016，16（7）：1087.

[125]　孙昌浩，段海滨. 基于进化势博弈的多无人机传感器网络 K-覆盖[J]. 中国科学：技术科学，2016，46（10）：1016.

[126]　Nazarzehi V，Savkin A V，Baranzadeh A. Distributed 3d dynamic search coverage for mobile wireless sensor networks [J]. IEEE Communications Letters，2015，19（4）：633-636.

[127]　Miao C，Dai G，Zhao X，et al. 3D self-deployment algorithm in mobile wireless sensor networks [J]. International Journal of Distributed Sensor Networks，2015，11（4）：721921.

[128]　Lu J，Suda T. Differentiated surveillance for static and random mobile sensor networks [J]. IEEE transactions on wireless communications，2008，7（11）：4411–4423.

[129]　Nehorai A，Porat B，Paldi E. Detection and localization of vapor-emitting sources [J]. IEEE Transactions on Signal Processing，1995，43（1）：243-253.

[130]　张勇. 基于分布式估计的气体泄漏源检测与定位[D]. 天津：天津大学，2012.

[131]　Pesquil F. Atmospheric diffusion [M]. New York：Wiley，1974.

[132]　Crank J. The Mathematics of diffusion [M]. Oxford，UK：Oxford University Press，1956.

[133]　Matthes J，Gröll L，Keller H B. Source localization based on pointwise concentration Measurements [J]. Sensors & Actuators A：Physical，2004，115（1）：32-37.

[134]　Spears W M，Gordon D F. Using artificial physics to control agents [C]. Proc of the International Conference on Information Intelligence and Systems，IEEE Press，1999：281-288.

[135]　Spears W M，Spears D F，Hamann J C，et al. Distributed，Physics-based

control of swarms of vehicles [J]. Autonomous Robots，2004，17（2-3）：137-162.

[136] 李湘宜. 无线传感器网络动态覆盖优化问题的研究 [D]. 北京：北京交通大学，2015.

[137] Howard A，Matarić M J，Sukhatme G S. Mobile sensor network deployment using potential fields：a distributed，scalable solution to the area coverage problem [C]. Proc of the 6th International Symposium on Distributed Autonomous Robotic Systems，Springer Press，2002：299-308.

[138] 王雪，王晟，马俊杰. 无线传感网络布局的虚拟力导向微粒群优化策略[J]. 电子学报，2007，35（11）：2038-2042.

[139] 陶丹，马华东，刘亮. 基于虚拟势场的有向传感器网络覆盖增强算法[J]. 软件学报，2007，18（5）：1152-1163.

[140] Rashedi E，Nezamabadi-Pour H，Saryazdi S. GSA：A gravitational search algorithm [J]. Information Sciences，2009，179（13）：2232-2248.

[141] Li C，Zhou J. Parameters identification of hydraulic turbine governing system using improved gravitational search algorithm [J]. Energy Conversion and Management，2011，52（1）：374-381.

[142] Meng W，Xiao W，Xie L，et al. Diffusion based projection method for distributed source localization in wireless sensor networks[C]. Proc of the IEEE Conference on Computer Communications Workshops （INFOCOM WKSHPS 2011），IEEE Press，2011：537-542.

[143] Chen C，Pei Q，Li X. A GTS Allocation scheme to improve Multiple-access performance in vehicular sensor networks [J]. IEEE Transactions on Vehicular Technology，2016，65（3）：1549-1563.

[144] Mansour L，Moussaoui S. CDCP：Collaborative data collection protocol in vehicular sensor networks [J]. Wireless Personal Communications，2015，80（1）：151-165.

[145] Michal H，Jacek R. How to provide fair sevice for V2I communication in VANETs？ [J]. Ad Hoc Networks，2016，37（2）：283-294.

[146] Chen L W，Chou P C. BIG-CCA：Beacon-less，Infrastructure-less，and GPS-less cooperative collision avoidance based on vehicular sensor networks [J]. IEEE Transactions on Systems Man & Cybernetics Systems，2016，46（11）：1518-1528.

[147] Azimifar M，Todd T，Karakostas G，et al. Vehicle-to-Vehicle forwarding in green roadside infrastructure [J]. IEEE Transactions on Vehicular Technology，

2016, 65（2）：780-795.

[148]　Wang Y C，Chen G W. Efficient data gathering and estimation for metropolitan air quality monitoring by using vehicular sensor networks [J]. IEEE Transactions on Vehicular Technology，2017，66（8）：7234-7248.

[149]　Lin Y，Li B，Yin H，et al. Throughput-efficient online relay selection for Dual-hop cooperative networks [J]. Ksii Transactions on Internet & Information Systems，2015，9（6）：2095-2110.

[150]　Tourki K，Yang H C，Alouini M S. Exact outage analysis of incremental decode-and-forward opportunistic relaying [C].Proc of the 2010 IEEE International Conference on Communication Systems. IEEE Press，2010：549-553.

[151]　Xia M，Aissa S. Cooperative AF relaying in Spectrum-sharing systems：outage probability analysis under Co-channel interferences and Relay Selection [J]. IEEE Transactions on Communications，2012，60（11）：3252-3262.

[152]　Cai J，Shen X，Mark J W，et al. Semi-distributed user relaying algorithm for Amplify-and-Forward wireless relay networks [J]. IEEE Transactions on Wireless Communications，2008，7（4）：1348-1357.

[153]　Chen Z，Lin T，Wu C. Decentralized Learning-based relay assignment for cooperative communications [J]. IEEE Transactions on Vehicular Technology，2016，65（2）：813-826.

[154]　Sharma S，Jena S K. Cluster based multipath routing protocol for wireless sensor networks [J]. Journal of Nanjing University of Science & Technology，2012，45（2）：14-20.

[155]　Rani S，Malhotra J，Talwar R. Energy efficient chain based cooperative routing protocol for WSN [J]. Applied Soft Computing，2015，35（C）：386-397.

[156]　Gao R，Wen Y，Zhao H，et al. Secure data aggregation in wireless multimedia sensor networks based on similarity matching [J]. International Journal of Distributed Sensor Networks，2016，2014（1）：1-6.

[157]　Margi C B，Petkov V，Obraczka K，et al. Characterizing energy consumption in a visual sensor network testbed [C]. Proc of the International Conference on Testbeds and Research Infrastructures for the Development of Networks and Communities，IEEE Press，2006：158-170.

[158]　Wu H，Abouzeid A A. Energy efficient distributed image compression in Resource-constrained multihop wireless networks [J]. Computer Communications，2005，28（14）：1658-1668.

[159] Lu Q，Luo W，Wang J，et al. Low-complexity and energy efficient image compression scheme for wireless sensor networks [J]. Computer Networks，2008，52（13）：2594-2603.

[160] 马巧云. 基于多 Agent 系统的动态任务分配研究[D]. 武汉：华中科技大学，2006.

[161] 祝华平. 基于知识推理的协同任务分解的研究[D]. 西安：陕西师范大学，2014.

[162] Tang L，Li Q，Li L，et al. Training-free referenceless camera image blur assessment via hypercomplex singular value decomposition [J]. Multimedia Tools & Applications，2017：1-22.

[163] Suryanarayana G，Dhuli R. Super-resolution image reconstruction using Dual-mode complex Diffusion-based shock filter and singular value decomposition [J]. Circuits Systems & Signal Processing，2016：1-17.

[164] Cobo L，Quintero A，Pierre S. Ant-based routing for wireless multimedia sensor networks using multiple QoS metrics [J]. Computer Networks，2010，54（17）：2991-3010.

[165] Heinzelman W B，Chandrakasan A P，Balakrishnan H. An Application-specific protocol architecture for wireless microsensor networks [J]. IEEE Transactions on Wireless Communications，2002，1（4）：660-670.

[166] 鲁琴，罗武胜，胡冰. 无线传感网基于邻居簇的 JPEG2000 多节点协同实现 [J]. 光学精密工程，2010，18（1）：240-247.

[167] Huu P N，Tran-Quang V，Miyoshi T. Image compression algorithm considering energy balance on wireless sensor networks [C]. The Proc of IEEE International Conference on Industrial Informatics，IEEE Press，2010：1005-1010.

[168] Wang F，Han G，Jiang J，et al. A task allocation algorithm based on score incentive mechanism for wireless sensor networks [J]. International Journal of Distributed Sensor Networks，2015，2015（Article ID 286589）：1-12.

[169] Liu X，He D. Ant colony optimization with greedy migration mechanism for node deployment in wireless sensor networks [J]. Journal of Network & Computer Applications，2014，39（1）：310-318.

[170] Sun Z，Reif J H. On Finding Energy-minimizing paths on terrains [J]. IEEE Transactions on Robotics，2005，21（1）：102-114.